"粤菜师傅"工程系列
——烹饪专业精品教材编委会

编写委员会

主　任：吴浩宏
副主任：王　勇
委　员：陈一萍　王朝晖

编写组

主　审：吴浩宏
主　编：马健雄
副主编：李永军　陈平辉　吴子彪　杨继杰　谭子华
　　　　康有荣　巫炬华　张　霞　梁玉婷　彭文雄
编　委：马健雄　巫炬华　杨继杰　李永军　吴子彪
　　　　冯智辉　张　霞　陈平辉　郭玉华　康有荣
　　　　谭子华　梁玉婷　彭文雄　刘远东　朱洪朗

编写顾问组

黄振华（粤菜泰斗，中国烹饪大师，中式烹调高级技师，中国烹饪协会名厨委员会副主任）

黎永泰（中国烹饪大师，中式烹调高级技师，广东省餐饮技师协会副会长）

林壤明（中国烹饪大师，中式烹调高级技师，广东烹饪协会技术顾问）

梁灿然（中国烹饪大师，中式烹调高级技师，广州地区餐饮行业协会技术顾问）

罗桂文（中国烹饪大师，中式烹调高级技师，广州烹饪协会技术顾问）

谭炳强（中国烹饪大师，中式烹调高级技师）

徐丽卿（中国烹饪大师，中式面点高级技师，中国烹饪协会名厨委员会委员，广东烹饪协会技术顾问，广州地区餐饮行业协会技术顾问）

麦世威（中国烹饪大师，中式面点高级技师）

区成忠（中国烹饪大师，中式面点高级技师）

"粤菜师傅"工程系列
烹饪专业精品教材

李永军　张霞　编著

粤式点心基础

暨南大学出版社
JINAN UNIVERSITY PRESS

中国·广州

图书在版编目（CIP）数据

粤式点心基础 / 李永军，张霞编著 . —广州：暨南大学出版社，2020.5
（2023.7 重印）
"粤菜师傅"工程系列 . 烹饪专业精品教材
ISBN 978-7-5668-2876-7

Ⅰ . ①粤…　Ⅱ . ①李…②张…　Ⅲ . ①糕点—制作—广东—教材
Ⅳ . ① TS213.23

中国版本图书馆 CIP 数据核字（2020）第 041425 号

粤式点心基础

YUESHI DIANXIN JICHU

编著者：李永军　张　霞

出 版 人：张晋升
责任编辑：黄文科　曾小利
责任校对：刘舜怡
责任印制：周一丹　郑玉婷

出版发行：暨南大学出版社（511443）
电　　话：总编室（8620）37332601
　　　　　营销部（8620）37332680　37332681　37332682　37332683
传　　真：（8620）37332660（办公室）　37332684（营销部）
网　　址：http://www.jnupress.com
排　　版：广州尚文数码科技有限公司
印　　刷：深圳市新联美术印刷有限公司
开　　本：787mm×1092mm　1/16
印　　张：9.25
字　　数：190 千
版　　次：2020 年 5 月第 1 版
印　　次：2023 年 7 月第 4 次
定　　价：45.00 元

（暨大版图书如有印装质量问题，请与出版社总编室联系调换）

总 序

　　粤菜，历史悠久，源远流长。在两千多年的漫长岁月中，粤菜既继承了中原饮食文化的优秀传统，又吸收了外来饮食流派的烹饪精华，兼收并蓄，博采众长，逐渐形成了烹制考究、菜式繁复、质鲜味美的特色，成为国内最具代表性和最具世界影响力的饮食文化之一。

　　2018 年，在粤菜之乡广东，广东省委书记李希亲自倡导和推动"粤菜师傅"工程，有着悠久历史的粤菜，又焕发出崭新的活力。"粤菜师傅"工程是广东省实施乡村振兴战略的一项重要工作，是促进农民脱贫致富、打赢脱贫攻坚战的重要手段。全省到 2022 年预计开展"粤菜师傅"培训 5 万人次以上，直接带动 30 万人实现就业创业，"粤菜师傅"将成为弘扬岭南饮食文化的国际名片。

　　广州市旅游商务职业学校被誉为"粤菜厨师黄埔军校"，一直致力于培养更多更优的烹饪人才，在"粤菜师傅"工程推进中也不遗余力、主动担当作为。学校主要以广东省粤菜师傅大师工作室为平台，站在战略的高度，传承粤菜文化，打造粤菜师傅文化品牌，擦亮"食在广州"的金字招牌。

　　为更好开展教学和培训，学校精心组织了一批资历深厚、经验丰富、教学卓有业绩的专业教师参与"粤菜师傅"工程系列——烹饪专业精品教材的编写工作。在编写过程中，还特聘了一批广东餐饮行业中资深的烹饪大师和相关院校的专家、教授参与相关课程标准、教材和影视、网络资源库的编写、制作和审定工作。

　　本系列教材的编写着眼于"粤菜师傅"工程的人才培训，努力打造成为广东现代烹饪职业教育的特色教材。教材根据培养高素质烹饪技能型人才的要求，与国家职业工种标准中的中级中式烹调师、中级中式面点师职业资格标准接轨，以粤菜厨房生产流程中的技术岗位和工作任务为主线，做到层次分类明确。

　　在教材编写中，编写者尽力做到以立德树人为根本，以促进就业为导向，以技能培养为核心，突出知识实用性与技能性相结合的原则，注重传统烹饪技术与现代餐饮潮流技术的结合。编写者充分考虑到学习者的认知规律，创新教材体例，体现教学与实践一体化，在教学理念、教学手段、教学组织和配套资源方面有所突破，以适应创新性教学模式的需要。

本系列教材在版面设计上力求生动、实用、图文并茂，并在纸质教材的基础上，组织教师亲自演示、录制视频。在书中采用 ISLI 标准 MPR 技术，将制作步骤、技法通过链接视频清晰展示，极为直观，为学习者延伸学习提供方便的条件，拓展学习视野，丰富专业知识，提高操作技能。

本系列教材第一批包括 5 册，分别是《粤菜原料加工技术》《粤菜烹调技术》《粤菜制作》《粤式点心基础》《粤式点心制作》。该系列教材在编写过程中得到了餐饮业相关企业的大力支持和很多在职厨师精英的关注与帮助，是校企合作的结晶，在此特致以谢意。由于编者水平所限，书中难免有不足之处，敬望大家批评指正。

"粤菜师傅"工程系列——烹饪专业精品教材编写组

2020 年 2 月

前　言

　　近年来，市面上关于粤式点心的教材和参考书籍为数不少，但大多是以产品制作为主要内容，而关于粤点制作基础理论及基本功操作方面的书较为欠缺。其实，对于粤式点心初学者来讲，如果基础知识不扎实，那么在其后的学习过程中将难以有较大的提高。

　　《粤式点心基础》从粤式点心制作的基本理论知识入手，结合作者在粤式点心实际工作中的经验，分为若干个模块及项目，并针对粤式点心制作过程中的基本手法和技法，以图解制作的形式详细展示给学习者，为学习者在掌握此课程知识后进一步学习粤式点心制作打下基础。

　　本书的编写分工如下：张霞负责模块一、三、四的编写，李永军负责模块二、五、六的编写。在编写过程中，我们还得到了徐丽卿、何世晃等粤式点心大师的大力帮助，在此向他们表示衷心的感谢。另外，编写时参考和引用了一些书籍及学术期刊的内容，在此也向有关作者致谢。

　　由于作者水平有限，书中难免有一些不足或疏漏之处，恳请读者批评指正，以便于我们继续完善。

作　者

2019 年 12 月

目 录

模块一　粤式点心制作的基本常识

模块二　粤式点心原料的选用

模块三　粤式点心生产的设备与工具

模块一

粤式点心制作的基本常识

项目 1
粤式点心的形成与发展

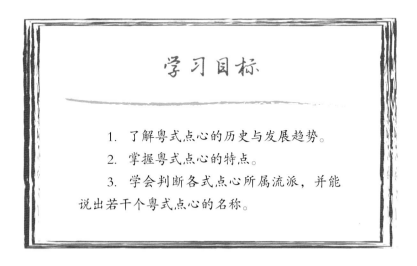

学习目标

1. 了解粤式点心的历史与发展趋势。
2. 掌握粤式点心的特点。
3. 学会判断各式点心所属流派，并能说出若干个粤式点心的名称。

　　点心是我国烹饪行业的重要组成部分，点心的制作有着悠久的历史，经过了长达几千年的发展，在历代点心师的长期实践和总结中不断推陈出新。尤其是近年来，点心师们在制作传统点心品种的基础上，结合最新科技与社会需求，不断发展创新，使点心制作成为一门系统性、理论性、科学性、完整性的专业技术学科。

一、我国点心的发展史

　　早在六千多年前，我国就有了点心。邱庞同所著的《中国面点史》指出："中国面点的萌芽时期在 6 000 年前左右"，"中国的面粉及面食技术出现在战国时期"，"中国早期点心形成的时间，大约是商周时期"。

　　先秦时期，随着农业及谷物加工技术的发展，出现了面制品，如"饵"，文献记载有"合蒸为饵"，即蒸成的米粉制品被称为"饵"。战国时期，人们为了悼念爱国诗人屈原，将用芦苇包成的"角黍"（即现在的粽子）投入江中，说明当时的点心制作技术已经发展到了一定的水平。

　　到了汉代及魏晋南北朝时期，点心进入了发展阶段。贾思勰所著的《齐民要术》中记载了"馅谕法"，其注解说："起面也，发酵使面食高浮起，炊之为饼。"这说明在汉末或魏晋时期已出现发酵面食制品。汉代把面食制品统称为

"饼"，炉烤的芝麻烧饼叫"胡饼"，上笼蒸制类似馒头的面食制品被称为"蒸饼"，水煮的面制食品被称为"汤饼"。自汉代一直到清代均沿用这些名称。

宋元时期，中国点心进一步发展，不仅由旧品种派生出许多花色，而且新品种大量涌现，如宋代诗人苏东坡有诗曰："小饼如嚼月，中有酥和饴。"说明当时已采用油酥分层和饴糖增色等点心制作工艺。另外，随着中外文化交流的繁荣，不少"胡食"传了进来，国内的部分点心也传了出去，这在一定程度上加强了中外点心的交流与发展。

到了明清时期，点心制作行业有了较为迅速的发展，制作技术也达到了新的高度。节日点心品种基本定型，如春节吃年糕、饺子，正月十五吃元宵，立春吃春饼等。特别是在宫廷里面，点心品种更是不胜枚举。我国的点心流派也在此时基本形成，北方主要有北京、山西、山东三大风味流派，南方主要有苏州、扬州、广州三大风味流派。有关点心的著作也比较丰富，如《食宪鸿秘》《养小录》《随园食单》《醒园录》《调鼎集》等，均有专门章节介绍点心制作，其中《调鼎集》共收集点心品种及制作方法 200 多种。

19 世纪末至 20 世纪 30 年代，帝国主义列强的炮舰政策打破了大清帝国闭关自守的大门，不少海外华侨把欧、美、东南亚等地的点心及其制作技术传入家乡，又将我国的点心制作技术带出去，增进了中外点心的交流。

中华人民共和国成立后，党和国家对人民生活的关怀及重视，是点心业发展的一大动力。国家曾组织过几次大规模的名菜名点展览，让全国各地的点心师有机会和国内外同行交流技术，大大提高了我国点心师的素质，使点心制作业得到了空前的发展，制作方式也由手工制作逐步转化为半机械化、半自动化的方式。点心师们不断挖掘和整理历史上久负盛名的风味小吃和著名点心，各地的点心制作工艺和风味特色得到了广泛的交流，南北东西的风味特色点心实现了大融合，大力推动了我国点心制作业的发展，出现了大量中西风味结合、南北风味结合、古今风味结合的精细点心新品种。在点心供应的规模和层次上，也由低档次的零售小吃，发展到中高档次的点心宴会和点心筵席，适应了人们不断增长的新的饮食需求。

二、粤式点心的发展与特色

粤式点心以广州地区为代表，最初以米制品居多，如伦教糕、年糕、炒米饼等。清代北方的饮食习惯渐渐传至南方，而且广州自汉魏以来就是我国与海外各国的通商口岸，经济贸易繁荣，近百年来又吸收了国外面包、点心的制作技术。所以，粤式点心在民间点心的制作基础上，融合了我国北方和国外点心的特点，结合本地区人民的生活习惯，不断改进生产工艺，逐渐形成了一个独具南国风味的派系。

（一）粤式点心的形成与发展

粤式点心的制作，最早以民间食品为主。广东地处我国东南沿海，气候温和，雨量充足，物产丰富，盛产大米。故当时的民间食品一般都是米制品，如伦教糕、萝卜糕、糯米年糕、油炸糖环等。

广东具有悠久的饮食文化传统，在秦汉时期，番禺（今为广州市的一个区）就成了南海郡郡治，经济发达繁荣，市场贸易、饮食业发展充分，本地民间小吃也就相应地发展了起来。正是在这些本地民间小吃的基础上，经过历代的演变发展，逐步形成了今日粤式点心百花齐放的局面。

娥姐粉果是广州著名的美点之一，它在民间传统小吃粉果的基础上，经过历代点心师的不断创新和完善而形成。粉果小吃的历史至今有 300 多年了，在明代已很流行。明末清初，屈大均的《广东新语》里记述民间饮食习俗的一节中记载："平常则作粉果，以白米浸至半月，入白粳饭其中，乃舂为粉，以猪脂润之，鲜明而薄以为外，荼蘪露、竹胎（笋）、肉粒、鹅膏满其中以为内，一名曰粉角。"

又如九江煎堆，驰名广东省及港澳地区，为春节馈赠亲友之佳品。它也是在民间小吃的基础上发展起来的，至今已有上千年的历史。初唐诗人王梵志有"贪他油煮馎，爱若波罗蜜"的诗句。可见，在唐代，煎堆已是人们喜爱的食品之一。《广东新语》记载："广州之俗，岁终以烈火爆开糯谷，名曰炮谷，以为煎堆心馅。煎堆者，以糯粉为大小圆，入油煎之。"煎堆经过演变，目前品种已多样化，其皮有软、有硬、有脆，其馅有炮谷、豆沙、椰丝等。

自从秦始皇南定百越，建立"驰道"，广东与中原之间的联系开始加强。汉代南越王赵佗归汉后，北方各地饮食文化与岭南的交流更是频繁。当时，北方的饮食文化对广州点心产生了较大影响，广州点心增加了面粉制品，出现了酥饼一类食品。1758 年（清乾隆二十三年），《广州府志》就记载有沙壅、白饼、黄饼、鸡春饼等品种。

西晋末年至唐宋末年，中原几经战乱，大批汉人南迁到广东各县（本地人称他们为"客家人"），其食俗仍保留中原一带的习惯。如客家人保留着北方的食俗，喜欢吃饺子，但是广东地区主产稻米而不种植小麦，加上古时交通和商品流通又不发达，因此，客家人便利用当地原料，创制出"米粉饺"。这些饺子具有北方饺子的基本特点，又别有风味。

早在唐代，广州就已成为著名的港口，外贸发达、商业繁荣，与海外各国经济文化交往密切。19 世纪中期，英国发动了鸦片战争，中国国门被打开，欧美各国的传教士和商人纷至沓来，广州街头万商云集、市肆兴隆。同时也从国外传入了各式西点的制作技术，广州点心大师们吸收了西点制作技术的精华，从而丰富了粤式点心品种。广州著名的酥点中，擘酥就吸取了西点清酥面的制法，清酥面是将面粉和白塔油和成油面，经过冰箱冷冻，而擘酥则是将面粉和凝结猪油混合冷冻，即用料中式化，制作西式化。

点心师们根据本地的口味、喜好、习惯，在民间食品的基础上，吸收了中国点心和西点的优点，对其加以改良创新，促进了粤式点心风味的形成和不断完善。例如广东传统美食肠粉，其色泽洁白、水润晶莹、软滑爽口，这就是经过历代点心师不断改进最终形成的。肠粉兴起于 20 世纪 20 年代末，开始是将蒸熟的粉皮卷成长条形，因形似猪肠而得名；到了 30 年代初，有人在肠粉中拌入芝麻为馅，吃起来爽滑麻香；随后又有所发展，有人以肉馅制成鱼片肠粉、滑肉肠粉等，味道鲜美，并作为点心上市。

（二）粤式点心的特点

1. 粤式点心中西结合，博采众长

广东地处沿海，毗邻港澳，较多地受到西方饮食文化的影响。粤式点心在继承传统制作工艺的基础上，吸取了西点的特长，品种新颖，工艺独特。如拿破仑酥、奶油蛋糕、布丁蛋糕等。

2. 季节性强

粤式点心的品种依据季节变化而变化。一般夏季宜清淡，春季浓淡皆宜，冬季宜浓郁。这使得粤式点心品种繁多，形态、花色突出。如春季有人们喜爱的浓淡相宜的礼云子粉果、银芽煎薄饼、玫瑰云霄果等；夏季应市的是生磨马蹄糕、西瓜汁凉糕等；秋季是蟹黄灌汤饺、荔浦秋芋角等；冬季则有滋补御寒点心，如腊肠糯米鸡等。

3. 重糖重油

粤式点心多数品种较甜，用油量较多，这与南方的饮食习惯有关。

4. 成品制作严格，皮薄馅厚，花纹清晰

粤式点心注重馅料丰满，清香油润，荤素齐备。要求皮薄馅厚，且皮馅丰满相贴，造型边角分明，花纹清晰，成品精细雅致、规格完整。

5. 选料考究，品种丰富多彩

粤式点心皮有四大类、23 种之多，馅有三大类、47 种之多，能制作各式点心 2 000 多种。按大类可分为长期点心、星期点心、节日点心、旅行点心、早晨点心、中西点心、招牌点心等。广东小吃更是历史悠久，光是小店经营的米面制作的小吃就有 300 多种。广东地域广阔，有山区，有平川，有海岛，有内陆，人们的生活习惯又各不相同，故各地小吃品种丰富，各具特色，如潮汕地区小吃以海产品、甜食著称。

粤式点心的代表品种有广式月饼、核桃酥、叉烧包、莲蓉酥、九江煎堆、伦教糕、肠粉、虾饺等。

三、粤式点心的发展趋势

目前，点心类食品已经成为人们生活中必不可少的一部分。点心业是关系到国计民生的大问题，所以，我们一方面要重视点心制作业的发展。随着社会经济发展，生活水平提高，人们对饮食的要求也越来越高，开始讲究质量，讲究吃出健康。所以，点心作为一种商品，必须从市场出发，以结合人们需求为目的来进行制作。而另一方面，近年来西点源源不断涌入我国，使我国传统点心业受到了巨大的冲击。因此，我国点心业必须进行改革创新，使中国点心立足于全世界，并走向未来。粤式点心的发展趋势如下：

（一）开发低热量点心和药膳点心

由于社会的发展，物质文明的发达，人们在享受物质生活的同时，诸如肥胖症、高血脂、糖尿病、冠心病、恶性肿瘤等所谓现代"文明病"的发病率也在不断升高，时刻威胁着人们的身心健康。所以，人们必然越来越重视补充营养和保持健康。由此，低热量食品和药膳食品将越来越受到人们的喜爱，因为此类食品解决了人们维持健康与享受美食"两难全"的问题。

（二）增加筵席中点心的比例

目前来看，点心在筵席中所占的比例还是比较小的，所以点心的制作品种将会向着筵席式的方向发展，如原料方面的更新、营养配比的合理化等。

（三）向着工程化方向发展

随着社会的发展与进步，人们的生活节奏变得越来越快，对方便食品的需求量将会增加，而点心正满足了人们的需要。所以，点心的制作如果单纯用目前的手工操作，远远不能适应今后的发展需求，必须改用机械化、自动化的生产方式，并且要批量化生产，以适应时代发展。

（四）新资源点心将会受到青睐

某些使用新开发的原料制作的点心，以及一些使用农作物新原料所制作的点心，将会适应未来人们对点心品种的需求。

另外，根据饮食业的发展趋势，点心业的发展还会向着低胆固醇、低钠、安全无污染等方向发展。

想一想

1. 粤式点心是怎样形成和发展起来的？
2. 我国点心分为哪些流派？
3. 粤式点心的特点体现在哪里？
4. 粤式点心的发展趋势如何？

项目 2
粤式点心制作的职业道德与卫生常识

学习目标

1. 了解粤式点心制作的基本职业道德与卫生常识。
2. 掌握粤式点心制作中必备的基本素质。
3. 具备粤式点心制作中所要求的基本职业道德与卫生意识。

一、粤式点心制作的职业道德

职业道德是指人们在职业生活中所应遵循的道德规范和行为准则，它包括道德观念、道德情操和道德品质。社会主义职业道德在饮食行业的具体体现就是饮食行业道德。面点师的职业道德是指面点师在从事面点制作工作时所要遵循的行为规范和必备品质。作为一名面点制作人员，除了应该遵循社会主义的道德规范和行为准则外，还必须了解饮食业职业道德，并遵循其规范和准则。饮食行业职业道德的基本要求如下：

（1）热爱社会主义祖国，热爱人民群众，树立全心全意为人民服务的思想，立志做好本职工作，甘当人民的勤务员。

（2）生产和制作符合质量标准和卫生标准的食品。坚持按规定标准和制作程序下料加工，不偷工减料、降低标准，不加工和出售腐烂变质、过期的食物。一切要对人民群众的健康负责。

（3）对顾客热情和蔼，说话和气，服务周到，千方百计为顾客着想。对顾客一视同仁，不以貌取人。不分年龄大小、不论职位高低，都以同等态度热情接待和服务顾客。

（4）刻苦学习业务技术，练好基本功，提高服务质量。

（5）注意节约，反对浪费。

（6）廉洁奉公，不利用职业之便牟取私利，坚决抵制拉关系、走后门等不正之风。

（7）谦虚谨慎，自觉接受顾客监督，欢迎群众批评，不断改正缺点，提高服务质量。

（8）仪容整洁，举止文雅，相互帮助，搞好协作。

二、粤式点心制作的卫生常识

（一）对加工人员个人卫生的要求

（1）保持手的清洁是防止食品受到污染的重要环节。如在上厕所、擤鼻涕、处理生肉和动物内脏、清理蔬菜、处理废弃物或腐败物后，应立即洗净双手。

（2）勤剪指甲，勤理发，勤洗澡，勤换洗衣服（包括工作服），不得留长指甲，不得涂指甲油及其他化妆品，工作时不得戴戒指。

（3）加工人员必须持健康证上岗，并定期检查身体，接受预防注射，特别要防止胃肠道疾病、病毒性肝炎和化脓性或渗出性皮肤病等。

（4）加工人员进入加工间必须穿戴统一的工作服、工作帽、工作鞋（袜），头发不得外露，工作服和工作帽必须每天更换。不得将与生产无关的个人用品和饰物带入加工间。

（二）操作过程中的卫生要求

（1）严禁一切人员在加工间内吃东西、吸烟、随地吐痰、乱扔杂物。

（2）加工操作时，尝试口味应使用小碗或汤匙，尝后余汁不能倒入锅中。

（3）配料的水盆要定时换水，案板、菜橱每日刷洗一次，砧板用后应立放。炉台上盛调味品的盆、盒在每日下班前要端离炉台并加盖放置。

（4）抹布要经常清洗，不能一布多用，消毒后的餐具不能再用抹布擦。

（三）食品卫生"五四"制度

1. 由原料到成品实行"四不"

（1）采购员不买腐烂变质的原料。

（2）保管人员不验收、保管腐烂变质的原料。

（3）加工人员（厨师）不用腐烂变质的原料。

（4）营业员（服务员）不卖腐烂变质的食品。

（针对零售单位的"四不"：不购进腐烂变质的食品；不出售腐烂变质的食品；不用手直接拿食品；不用废纸、污物包装食品）

2. 成品（食物）存放实行"四隔离"

（1）生与熟隔离。

（2）成品与半成品隔离。

（3）食物与杂物、药物隔离。

（4）食品与天然冰隔离。

3. 用（食）具实行"四过关"

即一洗、二刷、三冲、四消毒（蒸汽或开水）。

4. 环境卫生采取"四定"办法

即定人、定物、定时间、定质量。划片分工，包干负责。

5. 个人卫生做到"四勤"

即勤洗手、剪指甲，勤洗澡理发，勤洗衣服、被褥，勤换工作服。

想一想

1. 粤式点心制作职业道德素养包括哪些方面？

2. 粤式点心制作的卫生要求包括哪些方面？

3. 食品卫生"五四"制度的具体内容包括哪些？

4. 您认为在粤式点心制作中应具备的职业道德与卫生意识有哪些？

项目 3
粤式点心生产中的安全常识

学习目标

1. 了解粤式点心生产中的安全常识。

2. 掌握粤式点心生产中必备的消防、用电安全常识。

3. 具备粤式点心生产中所要求的安全意识，并学会处理生产中的状况。

一、消防安全常识

（一）火灾预防基本知识

（1）燃烧俗称"着火"。它是可燃物与氧化剂作用发生的放热发光的剧烈化学反应，通常伴有火焰、发光或发烟现象。

（2）火的形成需要三个必要条件：可燃物、助燃物（如空气、氧气）和火源（如明火、火星、电弧或炽热物体）。三者缺一，火就无法形成。

（3）火灾定义：在时间和空间上失去控制的燃烧所造成的灾害。

（4）扑救火灾的方法通常采用窒息（隔绝空气）、冷却（降低温度）和隔离（把可燃物与火焰及氧气隔离开来）。

（5）火灾分为 A、B、C、D 和电器火灾五类：

① A 类火灾：指固体物质火灾。如木、棉、毛、麻、塑胶、纸张燃烧引起的火灾。

② B 类火灾：指可燃性液体和可熔化固体物质火灾。如汽油、煤油、石蜡等燃烧引起的火灾。

③ C 类火灾：指可燃性气体火灾。如煤气、甲烷、氢气等燃烧引起的火灾。

④ D 类火灾：指金属火灾。如钾、钠、镁、锂、铝镁合金燃烧引起的火灾。

⑤电器火灾：指由电器起火或漏电引起燃烧的火灾。

（二）常用灭火器的种类及使用方法

1. 干粉灭火器

干粉灭火器以干粉为灭火剂，适用于 A、B、C 类火灾和电气设备的初起火灾扑救。其使用方法如下：

（1）拔掉保险插销。

（2）喷嘴管朝向火焰，压下阀门，喷出灭火剂。

（3）每 3 个月检查 1 次，灭火剂有效期为 3 年。

2. 二氧化碳灭火器

二氧化碳灭火器以液化的二氧化碳气体为灭火剂，适用于 B、C 类火灾和低压电气设备、仪器、仪表引起的初起火灾扑救。其使用方法如下：

（1）拔掉保险插销。

（2）握住喇叭喷嘴和阀门压把。

（3）压下阀门，喷出灭火剂。

（4）每 3 个月检查 1 次，如果重量减少则需要重新灌装。

3. 泡沫灭火器

泡沫灭火器以泡沫剂为灭火剂，适用于 A、B 类火灾，不可用于 C 类火灾扑救。泡沫灭火器分为化学泡沫和机械泡沫两种。其中化学泡沫灭火器使用时应颠倒（已淘汰），而机械泡沫灭火器使用方法与干粉灭火器相同。每 4 个月检查 1 次，灭火剂有效期为 1 年。

（三）遇火灾如何报警

（1）拨打 119 电话。

（2）报告火警时间、发生地点及附近明显的标记、火灾种类。

（3）不可错报、谎报火警。

二、安全用电常识

（1）中式面点工作场所最常见的用电事故是触电事故和电路故障。

（2）触电事故是指人身触及带电体（或过分接近高压带电体）时，电流流过人体造成的人身伤害事故，可致伤、致残甚至致死。

（3）电路故障是指电能在传递、分配、转换的过程中，由于失去控制而造成的事故。线路或设备的电路故障（如漏电、短路）不但威胁人身安全，而且会严重损坏电气设备。

（4）电气设备和线路的绝缘必须良好。裸露的带电导体应该按电器安全距离安装或设置安全栅栏，挂上警告标志，严禁人员靠近。

（5）按不同工作环境的规定，安全电压额定值的等级分为 42V、36V、24V、12V 和 6V，一般情况下安全电压数值为 36V。常用的动力负荷为 380V，常用的照明、电热、民用或工业负荷为 220V，使用电源应事先明确其供电电压值，绝不可滥用。

（6）移动式照明应采用 36V 安全电压，而在金属容器内或者潮湿场所不能超过 12V。

（7）在使用手持或电动工具（如手电钻）前必须检查保护性接地或接零措施。

（8）电路未经证明是否有电时，应视作有电处理，不能用手触摸，不得擅自开动电气设备、仪表和接插电源。

（9）电气设备出现故障或中途停电，应首先关闭电源开关或电闸。

（10）电气设备使用过后，检查并关闭电源后方可离开。

（11）易燃类物品不得放在容易产生火花的电器（如电闸、继电器、电动机、变压器）附近，避免引起火灾。

（12）电路或电气设备起火，应先切断电源，再用干粉或二氧化碳灭火器灭火。

想一想

1. 粤式点心生产中的安全问题主要体现在哪些方面？

2. 常用灭火器的分类及其使用方法是怎样的？

3. 粤式点心生产中在用电方面应具备哪些安全意识？

4. 粤式点心生产中如何杜绝安全事故的发生？

模块二

粤式点心原料的选用

项目 4
粤式点心基本原料知识

学习目标

1. 了解粤式点心生产中常用原材料的分类及产地。

2. 掌握粤式点心生产中常用原材料的性质及用途。

3. 具备粤式点心生产中常用原材料的质量鉴别技术，能正确区分原材料的种类。

一、米面粉类

（一）面粉

面粉是制作点心的一种重要原料，不同的点心对面粉的性能及品质要求不同。由于我国小麦品种较多，播种面积较大，并且各产区的气候、土壤等条件又不相同，面粉的品质自然就有所不同。制作点心必须对面粉的理化性质进行研究，其首要任务就是对小麦的种类、等级、籽粒结构、成分等与面粉品质之间的关系进行研究。

1. 小麦的种类和结构

小麦是世界各国的主要粮食作物之一，种植面积和总产量在各种粮食作物中均占第一位，总产量约占世界粮食总产量的 25%。小麦也是我国的主要粮食作物，在全国粮食种类中约占总产量的 23%，仅次于稻谷。

（1）小麦的种类。

小麦主要有两种，即普通小麦和硬粒小麦。其中最重要的是普通小麦，占总产量的92%以上，普通小麦又可按播种季节、皮色、粒质进行分类。

①按小麦播种季节分为冬小麦和春小麦两种。

冬小麦在秋季播种，初夏成熟。春小麦在春季播种，夏末成熟。根据气候条件，我国小麦种植区划分为三大自然区，即北方冬麦区（主要包括河南、山东、河北、陕西）、南方冬麦区（主要包括江苏、安徽、四川、湖北）和春麦区（主要包括黑龙江、新疆、甘肃）。一般来说，北方冬小麦蛋白质含量较高，质量较好；其次是春小麦；南方冬小麦蛋白质和面筋含量较低。

②按小麦皮色分为白皮小麦和红皮小麦两种。

白皮小麦一般粉色较白，皮薄，出粉率高。红皮小麦粉色较深，皮较厚，出粉率较低。

③按小麦粒质分为硬质小麦和软质小麦两种。

断面呈透明状（玻璃质）的小麦为硬质粒，硬质率为50%以上的称为硬质小麦，其面筋含量高，筋力较强。断面呈粉状的小麦为软质粒，软质率为50%以上的称为软质小麦，其面筋含量较低，筋力较差。所以硬质小麦磨制的面粉适合生产面包、油条、沙琪玛等对筋力要求较高的点心，而软质小麦磨制的面粉则适合生产酥点、蛋糕、饼干等对筋力要求较低的点心。

（2）小麦籽粒的结构。

小麦籽粒的结构与品质的好坏有直接的关系。小麦籽粒由皮层（麦皮）、胚和胚乳三大部分组成。

皮层：小麦的皮层是由6个不同的层次组成，最外层是表皮。整个皮层占小麦籽粒干物质总重的15%~20%，粗纤维含量较多，不易被人体消化吸收。

胚：小麦的胚位于麦粒背部的下端，其重量占小麦籽粒干物质总重的1.4%~3.0%。胚中的脂肪含量很高，还含有蛋白质、可溶性糖、多种酶和维生素，可以增加面粉的营养成分。但由于脂肪容易变质，使面粉酸度增加，不利于储存。同时，由于胚呈黄色而影响粉色，在磨制精度较高的面粉时，胚不宜磨入粉中。

胚乳：胚乳是小麦籽粒最大的部分，占麦粒干物质总重的78%~85%，是面粉的基本组成部分。

小麦籽粒不同部位的胚乳细胞，大小、形状和化学成分不同，胚乳细胞的淀粉粒之间充塞有蛋白质体。蛋白质体主要由面筋蛋白组成，外围胚乳细胞中的蛋白质比其他部分胚乳细胞中的蛋白质多。

2. 小麦和面粉的化学成分

小麦和面粉的化学成分不仅决定其营养价值，而且对点心的加工工艺和品质也有很大的影响。小麦的化学成分有碳水化合物、蛋白质、脂肪、矿物质、水分、少量的酶类、维生素和其他成分。小麦籽粒的化学成分由于品种、产区、气候和栽培条件的不同而有所差异，尤其是蛋白质含量相差最大。面粉的化学成分不仅随品种和栽培条件而有所差异，而且受制粉方法和面粉等级的影响。

（1）碳水化合物。

碳水化合物是小麦和面粉中含量最高的化学成分，约占麦粒重量的70%、面粉重量的75%。它主要包括淀粉、糊精、纤维素以及各种游离糖。在制粉过程中，大部分纤维素被除去，因此，纯面粉的碳水化合物主要有淀粉、糊精和少量糖。

淀粉是小麦和面粉中最主要的碳水化合物，约占小麦籽粒重量的57%、面粉重量的67%。小麦籽粒中的淀粉以淀粉粒的形式存在于胚乳细胞中，淀粉的比重为1.486%~1.507%。干淀粉的发热量为4 014千卡/克。淀粉不溶于冷水，但淀粉悬浮液遇热膨胀、糊化，发生胶凝作用，形成胶体。淀粉的分解温度为260℃，与碘反应呈蓝色。

淀粉是葡萄糖的自然聚合体，根据葡萄糖分子之间连接方式的不同分为直链淀粉和支链淀粉两种。在小麦淀粉中，直链淀粉约占1/4，支链淀粉占3/4。直链淀粉易溶于热水，生成的胶体溶液黏度不大，也不易凝固。支链淀粉需在加热加压的情况下才溶于水，生成的胶体溶液黏度很大。因此，支链淀粉比例大的谷类，其淀粉的黏度也较大。

纤维素坚韧、难溶、难消化，是与淀粉很相似的一种碳水化合物。它是小麦籽粒细胞壁的主要成分，占小麦籽粒干物质总重量的2.3%~3.7%。小麦中的纤维素主要集中在麸皮里。麸皮纤维素含量为10%~14%，面粉中麸皮含量过多，不但影响点心的外观和口感，而且不易被人体消化吸收。但面粉中含有一定数量的纤维素又有利于胃肠的蠕动，能促进对其他营养成分的消化吸收。

（2）蛋白质。

小麦籽粒中的蛋白质不仅决定小麦的营养价值，而且是构成面筋的主要成分，因此它对点心的制作有着极为重要的影响。面粉之所以在点心制作中应用广泛，就是因为在所有的谷物粉中，只有面粉中的蛋白质能够吸水形成面筋。

我国小麦的蛋白质含量最低为9.9%，最高为17.6%，大部分在12%~14%。

小麦籽粒中各个部分蛋白质的分布是不均匀的。一般胚部的蛋白质含量最高，胚乳部分蛋白质的含量由内向外依次增加，麦皮中蛋白质含量最低。但因胚乳占小麦籽粒比例的最大部分，所以，胚乳蛋白质含量占麦粒蛋白质含量的比例最大为70%。由于糊粉层和胚部的蛋白质含量高于胚乳，因而出粉率高、精度低的面粉，其蛋白质含量往往高于出粉率低、精度高的面粉。

面粉中的蛋白质根据溶解性质不同可分为麦胶蛋白（醇溶蛋白）、麦谷蛋白、麦球蛋白、麦清蛋白和酸溶蛋白五种，但主要是由麦胶蛋白和麦谷蛋白组成，其他三种含量很少。麦胶蛋白和麦谷蛋白这两种蛋白质占面粉蛋白质总量的80%以上，并且能与水结合形成面筋。面筋具有优良的性质，它的含量与品质直接决定着点心的品质，在后面的模块中将会有详细的介绍。

（3）酶。

小麦及面粉中含有多种酶，对点心的制作和面粉的贮存起着较大作用的，主要是淀粉酶和蛋白酶。

①淀粉酶。

淀粉酶分为 α-淀粉酶和 β-淀粉酶。α-淀粉酶又称糊精淀粉酶，它能水解淀粉生成糊精、麦芽糖和葡萄糖，改变淀粉黏度。β-淀粉酶又称糖化淀粉酶，能将淀粉水解成大量的麦芽糖和少量的高分子糊精，还能将糊精转化成麦芽糖。

α-淀粉酶的适宜温度和钝化温度要比 β-淀粉酶高。β-淀粉酶的最适宜温度为 $60℃\sim64℃$，α-淀粉酶的最适宜温度为 $70℃\sim75℃$。然而，β-淀粉酶在 $80℃\sim84℃$ 时钝化，α-淀粉酶在 $96℃\sim98℃$ 时仍能保持一定的活性。

②蛋白酶。

蛋白酶又称蛋白质分解酶。小麦中的蛋白酶能将蛋白质分解成蛋白胨、多肽、氨基酸等比较简单的物质。

用发芽或被虫害侵蚀的小麦制成的面粉，因其蛋白酶活性较强，会破坏面筋而影响点心的质量。

（4）脂质。

小麦籽粒中的脂质含量为 $2\%\sim4\%$。面粉中的脂质含量为 $1\%\sim2\%$。脂质主要由不饱和脂肪酸组成，易因氧化和酶水解而酸败。因此，为了延长面粉的贮存期，在制粉时要去除脂质含量高的胚和麦皮，以减少面粉中的脂肪含量。

（5）水分。

面粉中的水分以游离水和结合水两种状态存在。一般面粉中的含水量为 $13\%\sim14\%$。

3. 面筋

从物理学的角度来讲，面筋就是将面粉加水调制成面团后，用水冲洗并过滤，最后剩下的一团微黑色的胶状物质（湿面筋）。

从化学的角度来讲，面筋是由小麦或面粉中的蛋白质吸水形成的，主要由麦胶蛋白和麦谷蛋白组成，约占面筋干重的 80%。其余的 20% 左右是淀粉、纤维素、脂肪和其他蛋白质。面筋中麦胶蛋白和麦谷蛋白的比例，一般是麦胶蛋白占 $55\%\sim65\%$，麦谷蛋白占 $35\%\sim45\%$。

湿面筋重量与蛋白质含量成正比，并且湿面筋重量大约为干面筋的两倍，即说明一份干面筋可吸收比它自身重约两倍的水。故一般面粉中蛋白质含量高，此面粉的受水量也就大。

（1）面筋的分类。

粤式点心生产中一般以湿面筋含量来划分面粉的种类。

根据面粉中湿面筋含量的不同，一般将面粉分为三大类：高筋面粉、中筋面粉、低筋面粉。其中高筋面粉湿面筋含量在 35% 以上，中筋面粉湿面筋含量在

26%~35%，低筋面粉湿面筋含量在 26% 以下。

一般高筋面粉用于制作体积起发大、韧性较强的点心，如面包、油条、沙琪玛等；低筋面粉用于制作对筋性要求较低的点心，如蛋糕、酥点、饼干等；中筋面粉用于制作一般点心，如面条、馒头、蛋散等。总之，不同的点心品种对面筋含量的要求是不同的，在制作时要根据品种的要求灵活掌握。

（2）面筋的品质及特性。

面筋品质的鉴别，不仅要看面粉中面筋的含量，还要看面筋的质量，即面筋的特性。面粉中面筋含量高，并不一定代表着面粉的工艺质量就好。那么，如何判定面筋的质量好坏呢？主要从面筋的特性即延伸性、弹性、韧性和比延伸性来判定。

①延伸性：指面筋被拉长而不断裂的能力。

②弹性：指湿面筋被压缩或拉伸后恢复原来状态的能力。面筋的弹性可分为强、中、弱三等。弹性强的面筋，用手指按压后能迅速恢复原状，不粘手且不留下手指痕迹，用手拉伸时有很大的抵抗力。弹性弱的面筋，用手指按压后不能复原，粘手并留下较深的指纹，用手拉伸时抵抗力很小，下垂时，会因本身重力而自行断裂。弹性中等的面筋，其性能介于以上两者之间。

③韧性：指面筋被拉伸时所表现出的抵抗力。一般来说，弹性强的面筋，韧性也好。

④比延伸性：比延伸性是以面筋每分钟能自动延伸的厘米数来衡量的。高筋面粉的面筋一般每分钟仅自动延伸几厘米，而低筋面粉的面筋每分钟可自动延伸高达 100 厘米。

（3）面筋的品质鉴别。

①优良面筋：弹性好，延伸性大或适中。

②中等面筋：弹性好，延伸性小或弹性中等，比延伸性小。

③劣质面筋：弹性小或完全没有弹性，韧性差，由于本身重力而自然延伸或断裂，冲洗时不黏结而疏散。

（4）影响面筋形成的因素。

影响面筋形成的因素主要有面团温度、面团中的含水量、面团放置时间、外力作用及面粉质量等。

①面团温度：温度过低会影响蛋白质吸水形成面筋。一般 30℃ 左右时面筋形成速度较快。所以在调制面团时，冬天与夏天要采取不同的方法。

②面团中的含水量：由于面粉中的蛋白质吸水才能形成面筋，所以水是面筋形成的必要条件，面团中水分含量越高，面筋形成就越快，反之面筋形成就越慢。

③面团放置时间：由于蛋白质吸水形成面筋需要一段时间，因此面团调制后必须放置一段时间，以利于面筋的形成。

④外力作用：面团形成之后，给予面团一定的外力，可以促进面筋的形成，

所以在调制面团时，一般配以揉、搓、摔、搅等外力手段来促使面筋生成。

4. 面粉的质量鉴定方法

（1）含水量。

面粉一般含水量在13%~14%，因含水量影响面粉贮存，且与调制面团时的加水量有密切关系，因而对面粉中的含水量有严格的规定。除了用电烘炉等方法鉴定外，常用来测定面粉中水分的简易方法如下：用手掌紧握少量面粉时，若有沙沙响声，且松开手掌时形成的面粉团块散开，则表示面粉的含水量偏低；若无沙沙响声，且在松开手时，面粉已被捏成不易散开的坚实面块，则表示面粉的含水量偏高。但是，这种面粉水分的感官测定是凭经验来判断的，需要长期摸索才能有心得。

（2）新鲜度。

面粉的新鲜度可以从面粉的色泽、香味、滋味、触觉等方面来鉴别，一般方法是用感官检验。

（3）色泽。

质地优良的特制面粉呈淡黄色，标准的面粉略带灰色。若发现为暗色或含有夹杂色者，均为质地低劣的面粉。

（4）香味。

用面粉气味来鉴定面粉质量的方法：取少许面粉作样品，放在手掌中间，用嘴哈气，使样品温度升高，立即嗅其气味。鉴别的标准如表2-1所示：

表2-1　面粉气味与面粉质量的关系

面粉气味	面粉质量
有新鲜而轻薄的香气	优良的面粉
有土气、陈旧味	劣质的面粉
有酸败臭味	变质的面粉
有霉臭味	霉变的面粉

（5）滋味。

用面粉滋味来鉴定面粉质量的方法：先用清水漱口，再取面粉样品少许，放在舌头上辨别其滋味。鉴别的标准如表2-2所示：

表 2-2　面粉滋味与面粉质量的关系

面粉滋味	面粉质量
咀嚼时产生甜味	优良的面粉
咀嚼时产生苦味	劣质的面粉
咀嚼时产生酸味	变质的面粉
咀嚼时产生霉味	霉变的面粉

（6）触觉。

用手揉搓面粉，面粉手感反映面粉质量的标准如表 2-3 所示：

表 2-3　面粉手感与面粉质量的关系

面粉手感	面粉质量
有沙拉拉的感觉	优良的面粉
如羊毛状，有绵软的感觉	正常的面粉
手感过度光滑	软质的面粉
手感沉重而过度光滑	制作技术不良的面粉

（二）米粉类

1. 点心制作中常用的米粉

（1）糯米粉。

糯米粉是由糯米加工而成的。糯米通常有大糯、小糯之分：大糯是指其品质黏度很大，米粒肥壮；小糯是指其品质黏度较小，米粒略小。

糯米具有柔软细滑、性黏、色白的特性，经加工磨成细粉，用不同方法能制作出各式各样、丰富多彩的点心，如春节的年糕、煎堆、冬果等，以及日常的香麻炸软枣、糯米糍、咸水角等。

（2）粳米粉。

粳米粉是由粳米磨制而成的，粳米主要产于东北、华北、江苏等地，形态圆形、饱满，主要分为薄稻、上白粳、中白粳等。薄稻黏度大，富有香味，磨成的水磨粉可制作年糕、打糕等，食之口感香糯爽滑，别具特色；上白粳色白，黏度较小；中白粳色次，黏度也较小。

用纯净的粳米粉调制的粉团，一般不能发酵使用，必须在里面混入面粉方可制作发酵制品。

（3）粘米粉。

粘米粉是由籼米加工而成的，籼米主要产于四川、湖南、广东等地，其形态细长，支链淀粉含量较少，故磨出的粉黏度较小。粘米粉一般用来制作一些发酵糕制品，也可制作一些不属于疏松类的糕类，如萝卜糕、芋头糕、水晶糕等。

（4）澄面。

澄面又称澄粉、小麦淀粉，是把面粉加工洗出面筋，然后将洗过面筋的水沉淀，滤干水分，再将沉淀的粉干燥、研细而成。

澄面色泽洁白、粉质细滑。它的主要特点是与水混合加温成熟后呈半透明体，并且软滑爽口，故适宜制作一些可以看得见馅心的点心的皮料，如虾饺皮、晶饼皮、粉果皮等。

（5）粟粉。

粟粉又称玉米粉、玉米面、玉蜀黍粉等，是玉米去皮后再磨制而成的。玉米一般有黄、白、黑三个品种。白色的玉米品种黏度较好，它的特点是粉质细滑，色泽洁白中透着微黄，吸水性较强，加温糊化后易于凝结，完全冷却时变成爽滑、无韧性、有一定弹性的凝固体。

粟粉的营养成分极为丰富，具有一定的保健功能，它除了含蛋白质、碳水化合物、钙、磷、铁、胡萝卜素、B族维生素之外，还含有健脑益智、抗衰老、抗癌防癌的有效成分。粟米粉所含的脂肪为精米、精面的4~5倍，尤其可贵的是其既富含对人脑有益的不饱和脂肪酸，其中50%为亚油酸，又含有卵磷脂、维生素E，具有延缓人脑功能退化和细胞衰老的作用，还能降低血清胆固醇，对高血压、动脉硬化、冠心病、心肌梗死等疾病有防治功能。

粟粉在点心制作上应用比较广泛，如配合面粉制作一些发酵类点心，配合粘米粉制作一些蒸糕品，它本身经过烫制也可以单独制作一些比较脆的点心，并且还可以用来勾芡。

（6）可可粉。

可可粉是由可可豆加工而成的。可可豆经过干燥、烘炒、碾碎、研磨、过滤等一系列处理过程，成为一种棕褐色的极细粉末，即可可粉。可可粉富含维生素A、B和其他营养成分，还含有丰富的人体易于吸收的蛋白质、脂肪和磷等。

可可粉味道香浓，粉质细滑，并且富含天然色素，在点心制作中有着比较广泛的应用，如用它制作多层马蹄糕、多色鸡蛋卷，还能为各种点心调色。所以，可可粉在点心制作中既是一种天然的香料，又是一种天然的色素。

（7）其他粉类。

①糕粉：糕粉又叫加工粉、潮州粉，是用熟的糯米加工而成的。它的特点是粉粒松散、色泽洁白、吸水力大，遇水即黏结成有韧性的团状。糕粉在点心制品中常用作馅料或辅助料，如制作月饼馅、酥饼馅、老婆饼馅等，食之软滑带黏。当然，它本身也可用于制作一些点心的皮料，如冰皮月饼皮、水糕皮等。

②生粉：生粉是用木薯或杂粮加工而成的，经过加热后其黏度、韧性极强，

在点心制作中常配合澄面制作虾饺皮、晶饼皮、粉果皮等，以达到增强韧性的作用。目前，许多生粉使用杂豆类或薯类加工而成，常用于制作点心的蛋浆、上干粉、勾芡等。

③马蹄粉：马蹄粉是用马蹄加工而成的。马蹄又称荸荠，其粉粒粗，夹有大小不等的菱形，赤白色。马蹄粉受水量极大，一般制作点心时，1 000 克马蹄粉可以加水 6 000 克左右，其加热后显得透明，成品食之爽滑性脆。在点心制作中常用于制作马蹄糕、九层糕、芝麻糕、橙汁拉皮卷和一些夏季糕品等。

④吉士粉：吉士粉是用淀粉加入一定比例的香料及橙色素进行配比制成的。其色泽橙黄，在点心中常用作增色剂和增香剂。

2. 米粉的分类

米粉按加工方法的不同可以分为干磨粉、湿磨粉、水磨粉三大类。

（1）干磨粉。

干磨粉是用各种米直接磨制而成的粉。其优点是含水量少，便于贮存，并且运输方便，不易变质；缺点是粉质较粗，做出的成品爽滑度较差。

（2）湿磨粉。

在磨制湿磨粉时，米要经过淘洗、涨发、静置、淋水等过程，直至米粒酥松后才能磨制成粉。湿磨粉的优点是粉质细腻、成品富有光泽，能制作高档糕点；缺点是含水量多，不便于贮藏及运输。

（3）水磨粉。

水磨粉是米经淘洗、浸泡，连水一起磨制，然后经压粉、沥水、干燥、研细等工艺制成的。其优点是粉质细腻、成品柔软，食之口感滑润；缺点是含水量较高，不易贮藏。

二、糖油蛋乳类

（一）糖类

在粤式点心的制作中，除了面粉之外，糖类是用量最多的一种原料。糖在点心中不仅能增加点心的甜味，而且对改善点心的色、香、味、形及内部品质都起着重要的作用。

1. 糖的种类

点心中常用糖的种类大致有白砂糖、白糖粉、赤砂糖、黄糖、冰糖、饴糖、淀粉糖浆、转化糖浆、果葡糖浆等。

（1）白砂糖。

白砂糖为精制砂糖，简称砂糖，纯度很高，蔗糖含量在 99% 以上。白砂糖为粒状晶体，根据晶粒大小可分为粗砂、中砂、细砂三种。

我国生产的白砂糖分为甜菜糖和蔗糖。对白砂糖的品质要求是晶粒整齐、颜色洁白、干燥、无杂质、无异味，并且其水溶液味甜，溶解于水中能够成为澄清的水溶液。

（2）白糖粉。

白糖粉又称绵白糖，是用细粒白砂糖加工制成的。其感官要求是味甜，无其他异味、杂味及臭味，晶粒洁白，细小绵软，不含带色糖块或其他夹杂物，能完全溶解于水中成为澄清的水溶液。在点心制作中适宜制作水分少或不用加温和挤花的品种。

（3）赤砂糖。

赤砂糖是未经脱色精制的蔗糖，呈赤褐色或黄褐色，味甜而略带蜜糖味。甘蔗赤砂糖的总糖分不低于 39.5%，水分不超过 3.5%，其他不溶于水的杂质每千克产品不超过 250 毫克，其价格较低，在点心制作时，通常溶解为糖水并经过过滤后才可使用。

（4）黄糖。

黄糖又称片糖、青糖，属于土制糖，它是由甘蔗汁直接蒸发制成的，无明显的结晶粒，呈块状，色泽为棕黄色，亦有红褐色及茶色的，在点心制作中一般要经过溶化过滤后才可使用。适用于制作年糕、松糕、马蹄糕等点心。

（5）冰糖。

冰糖是比较纯净的蔗糖晶体，浅黄色半透明，味清甜。点心中多用于制作糖水类，如冰花燕窝、杏仁豆腐等。

（6）饴糖。

饴糖又称米稀或麦芽糖浆，以谷物为原料，利用淀粉酶或大麦芽，把淀粉水解为糊精、麦芽糖及少量葡萄糖制成。色泽淡黄而透明，能代替蔗糖。由于饴糖中主要含有麦芽糖和糊精，糊精的水溶液黏度较大，因此饴糖可以作为糕点制品中的抗晶剂，但糊精含量多的饴糖对热的传导性不良。麦芽糖的熔点较低，为 102℃~103℃，受热后性状稳定，因此饴糖还能作为糕点、面包的着色剂。饴糖的持水性强，可保持食品的柔软性，是面筋的改良剂，可使食品的质地均匀，内部组织具有细微的气孔，心部具有柔软性，体积增大。

（7）淀粉糖浆。

淀粉糖浆又称葡萄糖浆或化学稀。它是由淀粉加酸或加酶水解制成的，其主要成分是葡萄糖、麦芽糖、高糖（三糖和四糖等）和糊精。

葡萄糖是淀粉糖浆的主要成分，熔点为 146℃，低于蔗糖，在制品中着色比蔗糖快。由于它有还原性，所以具有防止再结晶的功能。在挂明浆的产品中，淀粉糖浆是不可缺少的原料。结晶的葡萄糖吸湿性差，但极易溶于水中，而溶解于水中的葡萄糖溶液却具有较强的吸湿性，这对于食品在一定时间内保持质地松软有着重要的作用。与葡萄糖相反，固体麦芽糖的吸湿性很强，而含水的麦芽糖则吸水性不大。淀粉糖浆含有一定量的麦芽糖，能使淀粉糖浆的着色和抗结晶作用更加突出。

糊精是白色或微黄色结晶体的粉末或微粒，无甜味，几乎无吸湿性，能溶于水，在热水中则胀润而糊化，具有极强的黏度。糊精在淀粉糖浆中的含量直接影响其黏度，同时也间接地影响食品在加工过程中热的传导性。正是由于糊精具有较大的黏度，因而可以防止蔗糖分子的结晶反砂作用，使点心在挂明浆时保持着长时间的透明光亮（如冰花鸡蛋散等）。在点心制作中，越是使用甜度不大的淀粉糖浆，制品的明浆越不易反砂、变质，这主要是糖浆中糊精含量多的缘故。

（8）转化糖浆。

蔗糖在酸的作用下能水解成葡萄糖与果糖，这种变化称为转化。1分子葡萄糖与1分子果糖的混合体称为转化糖，含有转化糖的水溶液称为转化糖浆。

正常的转化糖浆应为澄清的浅黄色溶液，具有特殊的风味。它的干固物占70%~75%，完全转化后的转化糖浆所生成的转化糖量可占全部干固物的99%以上。

转化糖浆应随用随配，不宜长时间贮放。在缺乏淀粉糖浆和饴糖的地区，可以用转化糖浆代替。

转化糖浆可部分用于面包和饼干中，在浆皮类月饼（如著名的广式月饼）等软皮糕点中可用于制皮，也可以用于点心、面包馅料的调制。

（9）果葡糖浆。

果葡糖浆是将淀粉经过水解制成的葡萄糖，再用异构酶将葡萄糖异构化，制成甜度很高的糖浆。果糖是天然糖中甜度最高的糖，甜度为蔗糖的1.5倍，因为该糖浆的组成成分是果糖和葡萄糖，故称之为果葡糖浆。

果葡糖浆在烘焙食品工业中可以代替蔗糖，它能直接被人体吸收，尤其对糖尿病、肝病、肥胖病等患者更为适用。目前不少食品厂生产面包时用果葡糖浆代替蔗糖。

其实果葡糖浆可以在面包中全部代替蔗糖，特别是用在低糖主食面包中更加有效，因为该糖浆的主要成分是葡萄糖和果糖，酵母可以直接利用，故发酵速度快。果葡糖浆在面包中用量过多时，即超过相当于15%的蔗糖量时，发酵速度会降低，面包内部组织较黏，组织过软，咀嚼性变差。

2. 糖的性质

（1）甜度。

甜度是糖的重要性质，但没有正确的物理及化学方法来加以评定，目前主要是靠人的味觉来比较。

糖的甜度受若干因素的影响，特别是浓度。糖的浓度越高，甜度越大。不同糖品混合使用有互相提高甜度的效果。

甜度没有绝对值，测量方法是在一定量的水溶液内，加入能使溶液被尝出甜味的最少量糖，一般以蔗糖的甜度为100，其他糖与蔗糖比较，果糖为150，葡萄糖为70，麦芽糖为50，果葡糖浆为100。随着温度的变化，甜度会随之发生变化。

（2）溶解度。

各种糖的溶解度不同，果糖最高，其次是蔗糖、葡萄糖。糖的溶解度随着温度升高而增大。冬季溶化糖时最好使用温水或开水。

（3）结晶性质。

蔗糖极易结晶，晶体能生长得很大。葡萄糖也比较易于结晶，但晶体很小。果糖则难结晶。淀粉糖浆是葡萄糖、低聚糖和糊精的混合物，不能结晶，并能防止蔗糖结晶。这种结晶的性质差别对糕点的生产有着十分重要的意义。在产品中淀粉糖浆的用量不能太高，因其甜度低，会冲淡蔗糖的甜度。

（4）吸湿性和保潮性。

吸湿性是指在较大空气湿度的情况下吸收水分的性质。保潮性是指在较大湿度的情况下吸收水分和在较小湿度的情况下失去水分的性质。糖的这种性质对于保持点心的柔软及贮存具有重要的意义。蔗糖和淀粉糖浆的吸湿性较低，转化糖浆和果葡糖浆吸湿性高，故在点心中多用转化糖浆和果葡糖浆。

葡萄糖经氧化生成的山梨醇具有良好的保潮性，作为保潮剂在食品工业中得到了广泛的应用。

（5）渗透压。

较高浓度的糖液能抑制许多微生物的生长，这是由于糖液的高渗透压夺取了微生物菌体内的水分，使其生长受到抑制。因此，糖在食品中既可以增加甜味，又能起到延长保质期的作用。

糖液的渗透压随浓度的增大而增大。单糖的渗透压是双糖的两倍，因为在相同浓度下，单糖分子数量约为双糖的两倍。葡萄糖和果糖比蔗糖具有更高的渗透压和更好的食品保存效果。

不同的微生物被糖液抑制生长的程度不同，50% 的蔗糖溶液能抑制一般酵母生长。果葡糖浆的渗透压较高，贮存性好，不易受杂菌感染而腐败。

（6）黏度。

葡萄糖和果糖的黏度比蔗糖低。淀粉糖浆的黏度较高，可利用其黏度提高产品的稠度和可口程度。例如，在搅拌蛋白时加入熬好的糖液，目的就是利用其黏度来稳定气泡。其他产品中加入淀粉糖浆，则主要是利用其黏度来阻止蔗糖分子结晶。

（7）焦糖化反应和褐色反应。

焦糖化反应和褐色反应是面包、糕点着色的两个重要途径。

①焦糖化反应。

焦糖化反应是指糖对热的敏感性。糖类在加热到其熔点以上的温度时，分子与分子之间互相结合成多分子的聚合物，并焦化成黑褐色的色素物质——焦糖。因此，把焦糖化控制在一定程度内，可使面包、糕点产生令人悦目的色泽且别具风味。

不同的糖对热的敏感性不同。比如果糖的熔点为 103℃~105℃，麦芽糖为 102℃~103℃，葡萄糖为 146℃，这三种糖对热非常敏感，易成焦糖。因此，含有大量这三种成分的饴糖、转化糖浆、果葡糖浆、中性的淀粉糖浆、蜂蜜等常作为着色剂在点心中使用，在烘焙时着色最快。面包、糕点中常用的是蔗糖，蔗糖熔点为183℃~186℃，对热的敏感性较低，即呈色不深。但由于酵母分泌的转化酶作用及面团的pH值较低，故蔗糖极易被水解成葡萄糖或果糖，从而加大了蔗糖焦糖化作用，能成功使面包、糕点着色。

糖的焦糖化作用还与pH值有关。溶液的pH值低，糖的热敏感性就低，着色作用差；反之，pH值升高则热敏感性增强，如pH值为8时其速度比pH值为5.9时快10倍。因此，有些pH值极低的转化糖浆、淀粉糖浆在用于糕点前最好先调成中性，以利于糖的着色反应。如在制作广式月饼时，在配方中每500克糖浆需加入枧水（又称碱水）约20克，目的就是调节月饼皮的pH值，以利于在加温过程中较快上色或上色良好。

②褐色反应。

褐色反应又称美拉德反应，是指氨基化合物（如蛋白质、多肽、氨基酸及胺类）的自由氨基与羰基化合物（如酮、醛、还原糖等）的羰基之间发生的羰—氨反应。因其最终物是含黄黑色素的褐色物质，故称褐色反应。褐色反应是使面包、糕点表皮着色的另一个重要途径，也是面包、糕点产生特殊香味的重要来源。在褐色反应中除了产生色素物质外，还会产生一些挥发性物质，形成面包、糕点特有的烘焙香味。这些成分主要是乙醇、丙酮醛、丙酮酸、乙酸、琥珀酸、琥珀酸乙酯等。

影响褐色反应的因素有温度、还原糖含量、糖的种类、pH值。还原糖（葡萄糖、果糖）含量越多，褐色反应越强烈，故中性的淀粉糖浆、转化糖浆、蜂蜜极易发生褐色反应。蔗糖因无还原性，不与蛋白质作用，故不起褐色反应，而主要起焦糖化反应。

（8）抗氧化性。

糖溶液具有抗氧化性，有利于油脂氧化酸败。这是因为氧气在糖溶液中的溶解量比在水溶液中多。同时，糖和氨基酸在烘焙中发生褐色反应的棕黄色产物也具有抗氧化作用，可以与丁基羟基茴香醚（BHA）媲美。

3. 糖在点心制品中的工艺性能

（1）改善点心制品的色、香、味、形。

点心制品在较高温度下加温时，由于糖的焦化作用和褐色反应，可使产品表面形成金黄色或棕黄色，且增加产品的甜味。另外，糖在点心中还起到骨架作用，能改善组织状态，使外形挺拔。

（2）作为酵母的营养物质。

在面包皮及酵母皮生产中加入一定量的糖作为酵母发酵的主要能量来源，有助于酵母的繁殖或发酵。但点心制品的加糖量不宜过多，否则会抑制酵母的生长，延长发酵时间。

（3）作为面团改良剂。

面粉和糖都具有吸水性。当调制面团时，面粉中面筋蛋白质吸水胀润的第二步反应是依靠蛋白质胶粒内部浓度造成的渗透压，使水分子渗透到蛋白质分子中，增加吸水量，使面筋大量形成，面团弹性增强，黏度相应降低。如果在面团中加入一定量的糖或糖浆，不仅能吸收蛋白质胶粒之间的游离水，同时会使胶粒外部浓度增加，使胶粒内部水分产生渗透压，从而降低蛋白质胶粒的胀润度，降低搅拌过程中面筋形成程度，弹性减弱。因此，糖在面团搅拌过程中起反水化作用。

糖对面粉的反水化作用中，双糖比单糖作用大，因此加入砂糖糖浆比加入等量淀粉糖浆作用强烈。溶化的砂糖比糖粉的作用大，因为糖粉虽然在搅拌时也逐渐吸水溶化，但此过程较为缓慢和不完全。

糖不仅可以用来调节面筋的胀润度，使面团具有可塑性，还能防止制品收缩变形。

（4）对面团吸水率及搅拌时间的影响。

正常用量的糖对面团吸水率影响不大，但随着糖量的增加，糖的反水化作用越来越激烈。大约每增加1%的糖，面团吸水率降低0.6%。高糖面团若不减少水分或延长搅拌时间，会导致面团搅拌不足，面筋不能充分扩展，产品体积小，内部组织粗糙。因此，高糖配方的面包面团，其搅拌时间要比低糖面团增加50%左右。故制作高糖面包时，最好使用高速搅拌机。

（5）延长制品的贮存寿命。

糖的高渗透压的作用，能抑制微生物的生长和繁殖，从而能增强糕点的防腐能力，延长货架期。

由于糖具有吸水性和持水性，可使面包、糕点在一定时期内保持柔软。因此，含大量葡萄糖和果糖的各种糖浆不能用于酥类制品，否则酥类制品会因吸湿返潮而失去酥性口感。

（6）提高营养价值。

糖的发热量高，能迅速被人体所吸收，每千克糖的发热量为14 630~16 720千焦耳，可有效地消除人体的疲劳、补充人体的代谢需要。

（二）油脂

油脂是油与脂的总称，在常温下呈液态的称为油，呈固态的称为脂。但很多油脂随温度变化而改变状态。因此，不宜严格将其划分为油或脂而统称油脂。天然油脂是由甘油与脂肪酸所组成的三甘油酯。按照组成油脂的脂肪酸种类不同，将油脂分为简单三甘油酯与复杂三甘油酯。天然油脂多属于复杂三甘油酯。在油脂中，脂肪酸所占的比例最大，因此脂肪酸在很大程度上决定着油脂的性状。例如在液态油中油酸甘油酯占多数，在固态脂中硬脂酸或软脂酸甘油酯占多数。油脂中的脂肪酸有饱和脂肪酸、不饱和脂肪酸和游离脂肪酸。

油脂是点心制作中的主要原料，在有些点心如牛油戟、曲奇、重油蛋糕类等产品中的用量达到50%以上。油脂不仅为点心增加了风味，改善了点心制品的结构、外形及色泽，提高了点心制品的营养价值，而且在油炸点心制品中，还作为一种加热介质而被广泛运用。

1. 点心制作中常用的油脂

点心制作中常用的油脂有植物油、动物油、氢化油、人造奶油、起酥油等。

（1）植物油。

植物油是由植物种子加工而成的，它的品种较多，常见的有大豆油、芝麻油、葵花籽油、菜籽油、花生油、椰子油、棕榈油、玉米油等。植物油中主要含有不饱和脂肪酸，所以其营养价值高于动物油，但加工性能不如动物油或固态油脂。

①大豆油。

大豆油是我国东北所产的主要油脂。大豆油中亚油酸含量高，不含胆固醇，是一种很好的营养食用油，消化率高达 95%，长期食用可预防人体动脉硬化。大豆油的起酥性比动物油或固态油差，颜色较黄，并且有大豆特有的豆腥味，故使用效果不理想。东北地区常将其用于面包的生产中。

②芝麻油。

芝麻油具有特殊的香气，俗称香油。芝麻油根据加工的精度不同分为小磨麻油和大槽油两种，其中小磨麻油香气醇厚，品质最佳。芝麻油含有芝麻酚，使其带有特殊的香气，并具有抗氧化作用，故芝麻油比其他植物油更不易酸败。

芝麻油价格较贵，多用于高档点心的馅料中，也用于点心的皮料中作增香之用。

③葵花籽油。

葵花籽油是当今世界上消费量仅次于大豆油的食用油脂。葵花籽油具有诱人的清香味，而且含有丰富的营养物质。其亚油酸的含量高于大豆油、花生油、棉籽油、芝麻油，高浓度的亚油酸在营养学上具有重要意义。

葵花籽油还含有十分丰富的维生素 E（约 0.12%），胡萝卜素约 0.045%，植物甾醇 0.4%，磷脂 0.2%，这些成分能和亚油酸相互作用，进一步增强了亚油酸降低胆固醇的功效。故在植物油中，葵花籽油具有较好的降低胆固醇的功能。

④菜籽油。

菜籽油是从油菜籽中提取出来的油脂。除东北地区外，全国各地均有生产，其中以长江和珠江流域的各省为多。

菜籽油中芥酸和油酸含量高，饱和脂肪酸（如棕榈酸、硬脂酸等）含量较低，一烯脂肪酸含量又偏高。菜籽油由于具有菜籽的腥味，故一般要经过脱腥去臭后才能在点心制作中使用。

⑤花生油。

花生油是从花生中提取出来的油脂。我国华北、华东等盛产花生的地区多用这种油作为糕点的油脂原料。

花生油的重要特征是饱和脂肪酸含量较高，为 13%~22%，特别是其中存在的高分子脂肪酸，如花生酸和木焦酸。在我国北方，春、夏、秋季花生油为液态，冬季则是白色半固体状态，故花生油是人造奶油的良好原料。花生油质地清澈、润滑、有光泽、味清香，并且在馅料中能够遮盖馅料的腥味，所以在点心制作中运用得比较多，经常用作油炸类点心的加热介质。

⑥椰子油。

椰子油是从椰子果实中提取出来的油脂，在常温下呈固体，熔点为 24℃~27℃，经氢化后提高至 45℃左右，这与它含有大量的低分子量饱和脂肪酸有关。椰子油在点心中多代替人造奶油使用。

椰子油的与众不同之处在于，当升高温度时，它并不会马上软化，而是在几摄氏度的温度范围内由脆性固体转化为液体，这种现象与它的脂肪酸构成有关。椰子油的不饱和度较低，故氧化酸败较慢。

⑦棕榈油。

棕榈油原产于非洲西部，是世界上最高产、使用最广泛的油脂。它是经过分提、精炼、加工制成的液体或固体油脂，根据用户不同的要求，对其进行脱脂、脱酸、脱臭、脱氧、脱色、脱味等工艺处理，加工出低、中、高不同熔点等级的食用油。改革开放后，我国每年从马来西亚等东南亚国家进口大量棕榈油。棕榈油目前主要作为食品工业的原料油和加工用油。它是一种半固态油脂，饱和脂肪酸含量在 50% 以上，不饱和脂肪酸在 45% 左右。棕榈油的性能及特点有以下几方面：

一是油质好。最突出的特点是发烟点高，稳定性好，使用时间长，不易氧化，气味清淡，无异味，耐贮性能更佳。特别适合用于油炸类点心的制作。

二是用途广。棕榈油是油炸类点心、方便面及其他油炸类食品最理想的加热介质之一。它还可以制成人造奶油、起酥油、烹调用油和凉拌油等。

三是营养价值高。棕榈油含有丰富的维生素 A（类胡萝卜素含量为 0.5~1mg/kg），维生素 E（即生育酚，含量为 0.5~7mg/kg），磷脂（含量为 0.5~0.7mg/kg）及谷甾醇（含量为 0.18~0.2mg/kg）。

用棕榈油制成的多层次的人造奶油是生产起酥面包及糕点的理想油脂。由于该油脂比较坚韧、可塑性强，易于在面团中均匀分布进而使面团分成多个层次，从而可使点心呈现出多层次状态。另外，在烘焙过程中，由于该油脂比较坚韧、可塑性强，不能很快溶解，细薄的油层阻止了点心中蒸发的水分，结果形成了点心分离、清晰、松软的层次。

⑧玉米油。

玉米油也叫玉米胚芽油，它是从玉米胚芽中榨取出来的植物油。玉米油香气诱人、清淡，无刺激味，容易消化和吸收，货架期长，具有较高的营养价值，因此目前在国内外都受到高度重视并被广泛应用。玉米油含有营养价值较高的亚油酸和维生素 E，是一种营养保健油脂。玉米油的特点有以下几方面：

一是必需的脂肪酸含量高。玉米油含 46%~60% 的亚油酸、1% 的亚麻酸，对于大多数人来说，每天食用一汤匙的玉米油（约 15g）就可以满足人体一天对脂肪酸的需要。

二是玉米油中不含胆固醇。玉米油中的脂肪酸主要是不饱和脂肪酸，长期食用玉米油可以防止心血管疾病，改善血脂代谢，减少对动物脂肪中饱和脂肪酸和胆固醇的吸收，阻止人体血清中胆固醇沉淀，防止动脉硬化、角膜炎、夜盲症等疾病。因此，玉米油特别适合中老年人食用。

三是玉米油可以降低血压。玉米油中的多聚不饱和脂肪酸对于降低血压，预防高血压、冠心病有一定效果，其中的亚油酸、亚麻酸和花生四烯酸（在人体内由亚油酸合成）是人体前列腺素的前体。前列腺素是一种激素，对人体特别是在心血管方面有着重要的生理功能，它可促进血液循环，减少周围阻力，促进血管舒张。另外，前列腺素能够促进钠盐的排出。

四是玉米油含生育酚。生育酚是一种天然抗氧化剂，它可以防止精制玉米油在储运过程中氧化酸败。精制后的玉米油保持有原来 80% 的生育酚。生育酚具有很强的维生素 E 的活性，因此具有很高的生理价值，可以促进新陈代谢，推迟细胞衰老，延缓早衰，减轻性腺萎缩的症状，防止动脉硬化及妇女不育症。

玉米油是儿童生长，妇女妊娠、哺乳期间必不可少的食用油，也对肝、肾有一定的保健作用。

玉米油可用于人造奶油、起酥油、色拉油、调味油、炸油、快餐食品、面包、糕点、家庭烹调等方面。

（2）动物油。

在点心制作中常用的动物油有奶油、猪油、牛油、羊油等。

①奶油。

奶油又称黄油或白脱油，是从牛乳中分离加工出来的。它因有特殊的芳香和较高的营养价值而受到人们的普遍欢迎。丁酸是奶油中特殊芳香的主要来源。奶油含有较多的饱和脂肪酸甘油酯和磷脂，它们是天然乳化剂，使奶油具有良好的稳定性。若在加工过程中充入 1%~5% 的空气，就能使奶油具一定的硬度和可塑性，适用于西式点心的装饰和保持点心外形的完整。

奶油的熔点为 28℃~34℃，凝固点为 15℃~25℃，在常温下呈固态，但在高温下软化变形，这也是奶油的最大弱点。此外，奶油在高温下易受细菌和霉菌的污染，其中的酪酸最先被分解而产生难闻的气味。奶油中的不饱和脂肪酸易被氧化而酸败，高温和光照也会促进其氧化的进程。因此，奶油应在冷藏库或冰箱中贮存。

②猪油。

猪油在中式糕点中用量很大，它的使用也很普遍。精制的猪油色泽洁白，可塑性强，起酥性好，制出的产品品质细腻，口味肥美。在面包中添加 4% 的精制猪油，相当于添加 0.5% 硬脂酰乳酸钠（SSL）的效果。

③牛油、羊油。

牛油、羊油都有特殊气味，需经熔炼脱臭后才能使用。这两种油熔点高，前者40℃~46℃，后者43℃~55℃，可塑性强，起酥性较好，在欧洲国家中大量用于起酥类点心，便于成形和操作。但由于其熔点高于人的体温，故不易消化。

（3）氢化油。

氢化油也称硬化油。油脂氢化就是将氢原子加到动植物油不饱和脂肪酸的双键上，生成饱和度和熔点较高的固态酸性油脂。油脂氢化有以下几个目的：

①使不饱和脂肪酸变为饱和脂肪酸，提高油脂的饱和度和氢化稳定性。

②使液态油变为固态油，提高油的可塑性。

③提高油脂的起酥性。

④提高油脂的熔点，有利于加工和操作。

氢化油很少直接食用，多作为人造奶油、起酥油的原料。

氢化油多采用植物油和部分动物油为原料，如棉籽油、葵花籽油、大豆油、花生油、椰子油、牛油等。

食用氢化油必须具备以下特性：在常温下有可塑性，在体温下能迅速溶化，口溶性要好、不含有高熔点成分，即在较高温度下固体脂肪指数的温度梯度较大。食用氢化油不仅要控制一定的氢化程度，而且要掌握氢化反应的选择，使产品中的脂肪酸组成与结构符合不同食用油脂的需要。例如，从食品的营养要求来说，油脂中的亚油酸含量要高，饱和脂肪酸及不饱和异构酸含量要低；从油脂的氢化稳定来说，油脂中的不饱和脂肪酸要少，尤其是亚麻酸等高度不饱和脂肪酸含量要低；从油脂的可塑性范围要求来说，需用不同的氢化油进行油脂配合才能取得所需的可塑性范围。由此可见，食用氢化油的性能要求复杂，与之相应的生产工艺条件也十分复杂，要结合原料，油脂的种类、性质及成品氢化油的要求，选用最适当的氢化工艺条件，才能取得满意的效果。

（4）人造奶油。

人造奶油是目前世界上烘焙食品行业使用最广泛的油脂之一，又称为麦淇淋。人造奶油是以氢化油为主要原料，添加适量的牛乳或乳制品、色素、香料、乳化剂、防腐剂、抗氧化剂、食盐和维生素，经混合、乳化等工序制成的。它的软硬度可根据各成分的配比来调整。其乳化性能和加工性能比奶油还要好，是奶油的良好替代品。

人造奶油的种类较多，用于点心食品的主要有以下几种：

①面包用人造奶油。

这种人造奶油既可以加入面包面团中，又可以进行面包的装饰和涂抹。例如，加入甜面包、咸面包等各种大小面包中；涂抹在烤面包片上；作为起酥面包的起层涂抹用油。人造奶油可以缩短面团发酵和醒发时间，降低面团黏度，操作性强；改善面包的品质，使组织更加均匀、松软，体积增大，延长面包保鲜期，并使面包具有奶油风味。用于涂抹面包的人造奶油应很容易涂在面包上，在口内易于溶化，味道与奶油相似；加入面团内的人造奶油应具有良好的乳化性。

②起酥制品用人造奶油。

人造奶油可用于酥层产品如千层酥、岭南酥皮、起酥面包等的包油起层。起酥制品的面团一般比较软，延伸性好，要求人造奶油熔点要高、可塑性要好。如果人造奶油太软，在包油、折叠时则无法形成层次，而且易于渗入面团内，失去起层效果，行话称这种现象为"混酥"；如果人造奶油太硬或太脆，在包油、折叠时则易穿破面团，行话称这种现象为"穿酥"。

③通用人造奶油。

这是一类适用性很强的人造奶油，可用于面包、蛋糕、饼干等多种食品。在任何气温下都具有良好的可塑性和充气性，一般熔点较低，口溶性好，可塑性范围大。

（5）起酥油。

起酥油是指精炼的动植物油脂、氢化油或这些油脂的混合物，是经混合、冷却塑化加工而成的具有可塑性、乳化性等加工性能的固态或液态的油脂产品。起酥油不能直接食用，是食品加工的原料油脂，因此必须具备各种食品加工性能。起酥油与人造奶油的主要区别是起酥油中没有水分。

起酥油的品种很多，几乎可以用于所有食品中，其中以加工糕点、面包、饼干的用途为最多。国外也常用起酥油加工油炸食品。

①通用型起酥油。

这类起酥油应用范围很广，但主要用于加工面包和饼干等。油脂的可塑性范围可根据季节来调整其熔点，冬季为30℃左右，夏季为42℃左右。

②乳化型起酥油。

这类起酥油含乳化剂较多，具有良好的乳化性、起酥性和加工性能。适用于重油类点心及面包、饼干。可增大面包、糕点的体积，使面包、糕点不易老化、松软、口感好。

③高稳定型起酥油。

这类起酥油可以长期保存，不易氧化变质，适用于加工饼干及油炸食品。全氢化植物起酥油多属于这一类型。

④面包用液体起酥油。

为了适应运输要求和面包、糕点、饼干加工自动化、连续化的需要而产生了面包、糕点、饼干等专用的液体起酥油。这种油以食用植物油为主要成分，添加了适量的乳化剂和高熔点的氢化油，成为具有加工性能，呈乳白色、流动性的油脂，乳化剂在起酥油中作为面包的面团改良剂，可以使组织绵软。

2. 油脂在点心制品中的工艺性能

（1）油脂的起酥性。

起酥性是油脂在点心制作中最重要的作用之一。在调制酥性食品时，加入大量油脂后，油脂的疏水性限制了面筋中蛋白质的吸水作用。面团中含油越多，其吸水率越低。除限制面筋形成外，油脂的隔离作用还使已形成的面筋不能互相黏合而形成大的面筋网络，也使淀粉和面筋之间不能结合，从而降低了面团的弹性和韧性，增强了面团的可塑性。此外，油脂能层层分布在面团中，起润滑作用，使面包、点心、饼干产生层次，口感酥松，入口易化。

对面粉颗粒表面积覆盖最大的油脂阻碍了面筋网络的形成，具有最佳的起酥性。影响油脂起酥性的因素有以下五点：

①固态油比液态油的起酥性好。固态油中饱和脂肪酸占绝大多数，稳定性好。固态油的表面张力较小，油脂在面团中呈片、条状的分布，覆盖面粉颗粒表面积大，起酥性好；液态油表面张力大，油脂在面团中呈现点、球状的分布，覆盖面粉颗粒表面积小，并且分布不均匀，故起酥性差。因此，制作有层次的食品时必须使用奶油、人造奶油或起酥油。在制作一般酥类点心时，猪油的起酥性是非常好的。

②油脂的用量越多，起酥性越好。

③温度影响油脂的起酥性。这是因为油脂中的固体脂肪指数和可塑性与温度密切相关，而可塑性又直接影响油脂对面粉颗粒的覆盖面积大小。

④鸡蛋、乳化剂、乳粉等原料对起酥性有辅助作用。

⑤油脂搅拌混合的方法及程度要恰当，乳化要均匀，投料顺序要正确。

（2）油脂的可塑性。

可塑性是指油脂在外力作用下可以改变自身形状，甚至可以像液体一样流动的性质。例如，将奶油抹在面包片上，其成分中必须有一定的固体脂肪和液体油。固体脂肪以极细的微粒分散在液体油中，由于内聚力的作用，液体不能从固体脂肪中渗出。固体微粒越细、越多，可塑性越小；固体微粒越粗、越少，可塑性越大。因此，固体和液体的比例必须适当，才能得到所需的食品加工的可塑性，这就是为什么某些人造油脂要比天然固态油具有更好的加工性能的缘故。

油脂的可塑性还与温度有关。温度升高，部分固体脂肪溶化，油脂变软，可塑性变大；温度降低，部分液体油固化，未固化的液体油黏度增加、油脂变硬，可塑性变小。可塑性是人造奶油、奶油、起酥油、猪油最基本的特性。固态油在糕点、饼干面团中能呈条及薄膜状分布，就是由可塑性决定的，而在相同条件下液体油可能分散成点、球状。因此，固态油要比液态油能润滑更大的面团表面积。用可塑性好的油脂加工面团时，面团的延伸性好，制品的质地、体积和口感都比较理想。

（3）固体脂肪含量（SFI值）。

固态油如人造奶油和起酥油在一定的温度下都含有一定比例的固体脂肪和液体油。油脂的起酥性、可塑性、稠度等重要性质都和其中固体脂肪的含量、结晶的大小以及同质多晶现象等因素有关，其中以固体脂肪含量最为关键。

SFI值为40~50时油脂过硬，基本没有可塑性；SFI值小于5时油脂软，接近液体油。人造奶油与起酥油的SFI值一般要求在15~20范围内，此时具有较好的起酥性、可塑性等加工性能。

（4）熔点。

固体脂肪变为液体油的温度称为油脂的熔点。熔点是衡量油脂起酥性、可塑性和稠度等加工特性的重要指标。油脂的熔点既影响其加工性能，又影响其在人体内的消化吸收。例如，牛、羊油含有较多的高熔点饱和三酸甘油酯。这类油脂食用时不但口溶性差、风味不好，而且熔点高于40℃，不易为人体消化吸收。因此，现多将牛、羊油与液体油混合，经过酯交换反应，使其熔点下降，改善口感，也提高其在人体内的消化吸收率。

一般用于点心制作的固态油脂的熔点最好为30℃~40℃。

（5）油脂的充气性。

油脂在空气中经高速搅拌起泡时，空气中的细小气泡被油脂吸入，这种性质称为油脂的充气性。充气性是糕点、饼干、面包加工的重要性质。油脂的充气性对食品质量的影响主要表现在酥类点心和饼干中。在调制酥类制品面团时，首先要搅拌油、糖和水，使之充分乳化。在搅拌过程中油脂结合了一定量的空气，油脂结合空气的量与搅拌程度和糖的颗粒状态有关。糖的颗粒越细，搅拌越充分，油脂中结合的空气就越多。当面团成形后进行烘焙时，油脂受热流散，气体膨胀并向两边的界面流动。此时由化学疏松剂分解释放出的二氧化碳气体及面团中的水蒸气，也向油脂流散的界面聚结，制品碎裂，成为片状或椭圆形的多孔结构，使产品体积膨大、酥松。添加油脂的面包组织均匀细腻，质地柔软。

油脂的充气性与其成分有关。起酥油的充气性比人造奶油好，猪油的充气性较差。此外，还与油脂的饱和程度有关，饱和程度越高，搅拌时吸入的空气量越多。

（6）油脂的乳化性。

油和水互不相溶。油属于非极性化合物，而水属于极性化合物。根据相似相溶的原理，这两类物质是互不相溶的，但在烘焙食品生产中经常要碰到油和水混合的问题。如果在油脂中添加一定量的乳化剂，则有利于油相在水相中的稳定分散，或水相均匀地分散在油相中，使加工出来的产品组织酥松、体积大、风味好。因此，添加了乳化剂的起酥油、人造奶油最适宜制作重糖、重油类点心和饼干。

（7）油脂的润滑作用。

油脂在面包中最重要的作用就是充当面筋和淀粉之间的润滑剂。油脂能在面筋和淀粉之间的分界面上形成润滑膜，使面筋网络在发酵过程中的摩擦阻力减小，有利于膨胀，可增加面团的延伸性，增大面包体积。固态油的润滑作用优于液态油。

（8）油脂的热学性质。

油脂的热学性质主要表现在油炸点心中。油脂在用于油炸点心的加热时，既充当加热介质，又是油炸点心的营养成分。当油炸点心时，油脂能将热量迅速而均匀地传到点心的表面，使点心很快成熟。同时，还能防止食品表面马上干燥和可溶性物质流失。油脂的这些特点主要是由其热学性质决定的。

①油脂的热容量。

油脂的热容量是指单位质量的油脂温度每升高 1K 所需的热量，一般用"焦耳 /（千克·开尔文）"［J/（kg·K）］来表示。油的热容量约为水的热容量的一半，由此可见，在供给相同热量和相同质量的情况下，油比水的温度可提前升高一倍。因此，油炸食品成熟速度相比水煮或蒸制食品快得多。

油脂的热容量与脂肪酸有关。液体油热容量随其脂肪酸链长的增加而增高，随其不饱和度的降低而减小，固体油的热容量很小，油脂的热容量随温度升高而增加，在相同温度下，固体油的热容量小于液体油。

②油脂的发烟点、闪点和燃点。

发烟点：油在加热过程中开始冒烟的最低温度。

闪点：油在加热时有蒸汽挥发，其蒸汽与明火接触瞬间发生火光而又立即熄灭时的最低温度。

燃点：发生火光而继续燃烧的最低温度。

油脂的发烟点、闪点和燃点均较高。发烟点通常为 233℃左右，闪点约为 329℃，燃点约为 363℃。游离脂肪酸含量越高，发烟点、闪点和燃点就越低。因此，应选用游离脂肪酸少、发烟点等较高的油脂。

3. 不同点心制品对油脂的选择

（1）面包制品对油脂的选择。

面包用油脂可选用猪油、乳化起酥油、人造奶油、液体起酥油。这些油脂在面包中能够均匀地分散，润滑面筋网络，增大面包体积，增强面团持气性，不影响酵母发酵力，有利于面包保持新鲜。此外，还能改善面包内部组织和表皮色泽，使之口感柔软，易于切片等。

（2）其他点心用油脂的选择。

①酥类点心。

由于酥类点心一般有体积膨大、口感酥松等特点和要求，故需要选用起酥性好、充气性强、稳定性高的油脂，如猪油、氢化油、起酥油等。

②起酥点心。

由于起酥点心要求层次丰富，口感松化酥口，并且体积膨松，故应选用起酥性好、熔点高，可塑性强、涂抹性能好的固态油脂，如高熔点的人造奶油等。

③油炸类点心。

由于油炸类点心一般需用较高温度来进行加温，所以要选用一些发烟点较高、热稳定性较好的油脂。如大豆油、花生油、菜籽油、棕榈油、氢化起酥油等。但含有下列成分的油脂不宜作为油炸用油：含乳化剂的起酥油、人造奶油；添加了卵磷脂的油脂；月桂酸甘油酯型油脂，如椰子油、棕榈仁油等。

④蛋糕用油脂类。

由于蛋糕中含有较多的糖、牛乳、鸡蛋、水分等，所以蛋糕中的油脂适宜选用含有高比例乳化剂的高级人造奶油或液态、固态的起酥油。

（三）蛋及蛋制品

蛋品是生产面包、糕点的重要原料，尤其是蛋糕和鸡蛋面包的用蛋量很大。蛋品对面包、糕点的生产工艺以及改善制品的色、香、味、形和提高营养价值等方面都起着一定的作用。

鲜蛋包括鸡蛋、鸭蛋、鹅蛋等，在面包、糕点中应用最多的是鸡蛋。这里主要介绍鸡蛋。

1. 鸡蛋的结构

鸡蛋由蛋壳、蛋白、蛋黄三个主要部分构成。各构成部分的比例，因产蛋季节、鸡的品种、饲养条件等不同而异，一般蛋壳占 10% 左右，蛋黄占 30% 左右，蛋白占 60% 左右。蛋液含固形物约 25%，水分约 75%。

（1）蛋白的物理特性和化学成分。

蛋白是一种白色半透明的黏性半流动体，无细胞组织，其中固形物约占 12%，常呈碱性，pH 值为 7.2~7.6。

蛋白由浓厚蛋白与稀薄蛋白组成，分为三层，外层和内层为稀薄蛋白，中间为浓厚蛋白。鸡蛋越新鲜，浓厚蛋白越多，而随着储存时间的延长，在酶的作用下，浓厚蛋白逐渐减少，稀薄蛋白逐渐增加。

蛋白中的蛋白质有卵白蛋白、伴白蛋白、卵球蛋白、卵黏蛋白和卵类黏蛋白 5 种。前 3 种为简单蛋白质，后 2 种为结合蛋白质。这些蛋白质含有必需氨基酸，消化吸收率在 50% 以上。

浓厚蛋白主要含有卵白蛋白，稀薄蛋白主要含有卵白蛋白及卵球蛋白。

蛋白中的碳水化合物主要有葡萄糖，含量为 41%~69%，其他糖的含量极少。

蛋白的维生素和色素含量很少，含有多种微量元素。

蛋白内含蛋白酶、淀粉酶、二肽酶，还含有抗胃蛋白酶、抗胰蛋白酶及溶菌酶。溶菌酶具有杀菌作用，该酶在蛋白与蛋黄混合时失去杀菌能力。

（2）蛋黄的物理特性与化学成分。

蛋黄是浓稠不透明而呈半流动的乳状液。含有固体物 50% 左右，约为蛋白的 4 倍，而其组合成分比蛋白复杂得多。pH 值为 6~6.4，呈酸性。

蛋黄包括浅色蛋黄、深色蛋黄、胚胎三部分，其中浅色蛋黄含量高，约占全蛋黄的 95%。

在蛋黄与蛋白之间有一层膜将二者分开，并包裹着蛋黄，称为蛋黄膜。二者之间的化学成分除了有机和无机部分外，水分的含量相差很大，蛋白含水分 88% 左右，蛋黄含水分 58% 左右，因此，两者之间溶解性盐类的多少会起渗透压作用。贮存较久的蛋，蛋黄水分逐渐增多，而蛋白水分逐渐减少，这是蛋白中的水分有一部分由于渗透作用渗入蛋黄中所致。

蛋黄中主要化学成分为蛋白质（15.6%）、脂肪（29.82%）、糖类（0.48%），其他成分则为水、无机盐、卵磷脂以及维生素等。

蛋黄中的蛋白质主要是卵黄蛋白与卵黄球蛋白，前者成为卵磷蛋白质（与蛋白质磷脂质结合），后者是水溶性蛋白质。这些蛋白质含有丰富的必需氨基酸，消化率亦在 95% 以上。

蛋黄中的脂肪含量为 30%~33%，其中包括 10%~12% 的磷脂质。脂肪是由各种脂肪酸构成的混合三甘油酯，蛋黄内的脂肪在室温下呈橘黄色的半流动液体。

磷脂是结合脂肪，具有亲水和亲油的双重性，它的主要成分是卵磷脂、脑磷脂，还有神经磷脂和糖脂质等。除结合脂肪以外，还有衍化脂肪，其主要成分是胆固醇。卵磷脂也叫蛋黄素，其在蛋黄中的含量较多。这种磷脂中的胆碱和乙酸作用后可生成乙酰胆碱，这种物质是神经的传导体，对人体的大脑和神经组织的发育具有重要意义。

蛋黄中的碳水化合物以葡萄糖为主，约占 12%。矿物质以磷为最多，其次是氧化钾及氧化钙，还含有其他微量元素。

蛋黄中含有丰富的维生素，鲜蛋的维生素主要存在于蛋黄中，含有脂溶性的维生素 A、D、E、K，水溶性的维生素 B、C。

蛋黄中也含有十分丰富的色素，脂溶性色素多于水溶性色素。脂溶性色素有胡萝卜素、叶黄素；水溶性色素有核黄素。蛋黄由于含有大量的胡萝卜素和核黄素，故呈黄色。

蛋黄中含有二肽酶、淀粉酶、脂肪酶等，不含溶菌酶。

2. 蛋在烘焙食品生产中的工艺性能

（1）蛋的 pH 值。

新鲜蛋白液的 pH 值为 7.2~7.6，蛋黄液的 pH 值为 6.0~6.4，全蛋呈中性。在贮存中随着二氧化碳气体不断蒸发，蛋液的 pH 值不断升高。在生产中，可以通过 pH 值判别蛋液的新鲜程度。

（2）蛋的相对密度。

鲜蛋的相对密度为 1.07~1.09，其中蛋白液的相对密度为 1.045，蛋黄液的相对密度为 1.028~1.029，胚胎的相对密度为 1.027。随着贮存过程中养分的消耗和二氧化碳气体的蒸发，相对密度逐渐下降，故陈旧蛋的相对密度降低。多采用盐水溶液来鉴别蛋的新鲜程度。

（3）蛋的冰点。

蛋的冰点取决于它的化学成分，一般认为蛋白液的冰点为 –0.48℃，蛋黄液的冰点为 –0.58℃。带壳蛋贮藏的适宜温度为 –1.5℃~2℃，温度过低易将蛋壳冻裂。

（4）蛋白的起泡性。

蛋白是一种亲水胶体，具有良好的起泡性，在糕点的生产中具有重要的意义，特别是在西点的装饰方面，蛋白经过强烈的机械搅拌，蛋白薄膜将混入的空气包围起来形成泡沫，由于受表面张力制约，迫使泡沫成为球形。由于蛋白胶体具有黏度，和加入的原材料一起附着在蛋白泡沫层四周，使泡沫层变得浓厚坚实，增强了泡沫的机械稳定性。制品在烘焙时，泡沫内的气体受热膨胀，产品的体积变大，这时蛋白质遇热变性凝固，使制品疏松多孔并具有一定的弹性和韧性，因此，蛋白在糕点、面包中起到了膨胀、增大体积的作用。

黏度对蛋白的稳定性影响很大，黏度大的物质有助于泡沫的形成和稳定。因为蛋白具有一定的黏度，所以打发的蛋白泡沫比较稳定。在打蛋白时常加入糖，就是因为糖具有黏度，且具有化学稳定性。需要指出的是，葡萄糖、果糖和淀粉糖浆都具有还原性，在中性和碱性情况下化学性质不稳定，受热易与蛋白质等含氧物质起羰氨反应产生有色物质。蔗糖不具有还原性，在中性和碱性情况下化学稳定性强，不易与含氮物质起反应生成有色物质。故打蛋白时不宜加入葡萄糖、果糖和淀粉糖浆，要使用蔗糖。

油是一种消泡剂，因此打蛋白时千万不能碰上油。蛋黄和蛋清分开使用，就是因为蛋黄中含有油脂。油的表面张力很大，而蛋白气泡膜很薄，当油接触到蛋白气泡时，由于油的表面张力大于蛋白膜本身的延伸力，会将蛋白膜拉断，气体从断口处冲出，气泡立即消失。

pH 值对蛋白泡沫的形成和稳定性影响很大。蛋白在 pH 值为 6.5~9.5 时形成的气泡很强但不稳定，在偏酸性的情况下气泡较稳定。打蛋白时加入酸或酸性物质，就是为了调节蛋白的 pH 值，破坏它的等电点[①]。因为在达到等电点时，蛋白的黏度最低，蛋白不起泡或气泡不稳定。加入酸性磷酸盐、酸性酒石酸钾、醋酸及柠檬酸较为有效。

温度与气泡的形成和稳定有直接关系。新鲜蛋白在 30℃时起泡性能最好，黏度亦最稳定，温度太高或太低均不利于蛋白的起泡。夏季温度较高，有时到30℃，即最佳温度也打不起泡，但在冰箱放一段时间后反而能打起来，这是什么原因呢？因为夏季的温度约 30℃，而鸡蛋本身的温度也在 30℃左右，在打蛋过程中，搅拌机的高速旋转与蛋白形成摩擦，产生热量，会使蛋白的温度大大超过30℃，自然发泡性不好。将鸡蛋放入冰箱一会儿，等温度降下来后再打就能顺利起泡了。

蛋白质量直接影响蛋白的起泡。新鲜蛋白中浓厚蛋白多，稀薄蛋白少，故起泡性好。陈旧的蛋则起泡性差，特别是长期贮存和变质的蛋起泡性最差。因为这样的蛋中，蛋白质被微生物破坏，氨基酸肽氮多、蛋白少，故起泡性差。

（5）蛋黄的乳化性。

蛋黄中含有许多磷脂，磷脂具有亲油和亲水的双重性质，是一种理想的天然乳化剂。它能使油、水和其他材料均匀地混合到一起，使制品组织细腻、质地均匀、疏松可口，具有良好的色泽，并保持一定的水分，在贮存期保持柔软。

---

① 等电点：在某一 pH 值的溶液中，氨基酸或蛋白质解离成阳离子和阴离子的趋势或程度相等，成为兼性离子，呈电中性，此时溶液的 pH 值成为该氨基酸或蛋白质的等电点。

蛋黄中含磷脂最多。目前国内外烘焙食品工业都使用蛋黄粉来生产面包、糕点和饼干。它既是天然乳化剂，又是人类的营养物质。在使用前，可将蛋黄粉和水按1∶1的比例混合，搅拌成糊状，再添加到面团或面糊中。

（6）蛋的凝固性。

蛋白对热极为敏感，受热后凝结变性。温度在54℃~57℃时，蛋白开始变性，60℃时变性加快，但如果在受热过程中将蛋急速搅动，则可以防止变性加快。蛋白内加入高浓度的砂糖能提高蛋白的变性温度。当pH值为4.6~4.8时变性最佳也最快，因为这正是蛋白内主要成分卵白蛋白的等电点。

蛋液在凝固前，它们的极性基团和羟基、氨基、羧基等位于外侧，能与水互相吸引而溶解，当加热到一定温度时，原来连接脂键的弱键被分裂，肽键由折叠状态变为伸展状态。整个蛋白质分子结构由原来的立体状态变成长的不规则状态，亲水基由外部转到内部，疏水基由内部转到外部。很多这样的变性蛋白质分子互相撞击而相互贯穿缠结，形成凝固物。

这种凝固物经高温烘焙便失水成为带有脆性的凝胶片。故在面包、糕点表面涂上一层蛋液，可使之呈现光亮，增加其外观美。

（7）改善烘焙食品的色、香、味、形和营养价值。

在面包、糕点的表面涂上一层蛋液，经烘焙后呈漂亮的红褐色，这是羰氨反应引起的褐变作用，即褐色反应。配方中有蛋品加入的面包、点心，成熟后具有特殊的蛋香味，并且结构疏松多孔，体积膨大而柔软。

蛋品中含有丰富的营养成分，提高了面包、糕点的营养价值。此外，鸡蛋乳品在营养上具有互补性。鸡蛋中铁相对较多，钙较少；而乳品中钙相对较多，铁较少。因此，在面包、糕点和饼干中将蛋品和乳品混合使用，在营养上可以互补。

（四）乳品

乳品是生产面包、糕点的重要辅料。乳品不但具有很高的营养价值，而且在工艺性能方面也发挥着重要的作用。随着人们生活水平的提高，用乳品制作的高营养、高质量点心不断涌现，已成为重要的方便食品、保健食品，特别是对促进儿童的生长发育有着突出的作用。

乳品中用于点心制作的主要是牛乳及其制品，如奶粉、炼乳、奶酪等。

1. 牛乳的化学成分

牛乳是多种物质组成的混合物，化学成分很复杂，主要包括水、脂肪、蛋白质、乳糖、维生素、灰分和酶等。牛乳的化学成分受牛的品种、个体、泌乳期、畜龄、饲料、挤奶情况及健康状态等因素的影响而有差异，其中变化最大的是脂肪，其次是蛋白质、乳糖及灰分。

（1）水分。

牛乳中最多的成分是水，约占牛乳总重的88%。牛乳中所含的水分绝大部分以游离状态存在，成为牛乳胶体体系的分散介质；极少部分水同蛋白质结合存在，叫结合水；还有一部分在乳糖晶体中存在，叫结晶水。

（2）乳蛋白质。

牛乳中的蛋白质按其存在状态可分为悬浮的酪蛋白和溶解的乳清蛋白两大类。其中乳清蛋白中有对热稳定的胨及腖，对热不稳定的各种乳球蛋白，还有少量脂肪球膜蛋白。

①酪蛋白。

酪蛋白是乳蛋白质中最丰富的一类蛋白质，占乳蛋白质的 80%~82%。传统上将在 20℃调节脱脂乳的 pH 值到 4.6 时沉淀的一类蛋白质称为酪蛋白。实验表明，它是一类既相似又相异的多种蛋白质组成的复杂物质，属于结合蛋白质。它含有半胱氨酸和蛋磷酸两种含硫氨基酸。酪蛋白中因含有磷酸根，又称为磷蛋白，其磷酸根同蛋白质分子中苏氨酸的羟基相结合。酪蛋白又可分为 α-酪蛋白，约占酪蛋白总量的 75%；β-酪蛋白，约占 22%；γ-酪蛋白，约占 3%。这些蛋白质物理化学性质各不相同。

酪蛋白虽然是一种两性电解质，但其具有鲜明的酸性，其分子中含有的酸性氨基酸远多于碱性氨基酸。酪蛋白不溶于水，加热时不凝固。

酪蛋白能与钙、磷等无机离子结合成酪蛋白胶粒，以胶体悬浮的状态存在于牛乳中。酪蛋白胶粒对 pH 值的变化很敏感，调节脱脂乳的 pH 值，使酪蛋白胶粒中的钙离子与磷酸盐逐渐游离出来，pH 值达到酪蛋白等电点时，酪蛋白沉淀。另外，由于微生物的作用，牛乳中的乳糖分解为乳酸，当乳酸量足以使 pH 值达到酪蛋白等电点时，同样可发生酪蛋白的酸沉淀，这就是牛乳的自然酸败现象。

②乳清蛋白。

牛乳中酪蛋白沉淀下来以后，保留在乳清中的蛋白质称为乳清蛋白。乳清蛋白中含量最多的是 β-乳球蛋白，其次是 α-乳清蛋白。β-乳球蛋白是一种简单蛋白质。加热、增加钙离子浓度、令 pH 值超过 8.6 等条件都能使它变性。α-乳清蛋白比较稳定。

从营养和生理的角度来看，乳清蛋白有很高的营养价值。而牛乳中酪蛋白含量多，乳清蛋白含量少，与人乳的组成正相反。

以前，乳清没有被充分利用，甚至被大量废弃。近年来，超滤、电渗析、反渗透和沉淀法等科学技术的发展，为利用乳清及乳清蛋白创造了技术上及经济上的条件。人们可以将乳浓缩、干燥、分离成各种成分，如蛋白质、乳糖、矿物质、脂肪及它们的复合物，作为食品加工原料或动物饲料。目前常用的乳清制品有乳清粉和 WPC（乳清蛋白浓缩物）。

乳清是干酪工业的副产品。它是在干酪和干酪素制造时从牛奶或脱脂奶中通过分离而得到的液体物质，其量约为牛奶或脱脂奶的 85%。

WPC 是从乳清中分离出非蛋白质后得到的，含有不低于 25% 的蛋白质。WPC 在国外特别是在乳品工业发达的西欧国家受到高度重视，其产品质量优良、卫生安全、价格便宜、富含营养。

WPC 的性能如下：

WPC 的乳化作用。WPC 的乳化作用和来源与蛋白质含水量有关。从酸乳中提取的 WPC 可获得 50%~75% 的蛋白质，它含有较高的非变性蛋白质，具有极好的乳化性。早先生产的甜 WPC 含有 34% 的蛋白质，虽然现在生产的甜 WPC 含有 34%~75% 的蛋白质，但含有变性蛋白质，乳化性较低。

乳清蛋白在食品中作为乳化剂，能减小油和水之间的界面张力，形成均质稳定的乳浊液。

WPC 的胶凝作用（热变性）和溶解性。从 $71℃$~$82℃$ 加热不同来源蛋白质的结果可发现，蛋清中的蛋白质凝胶性最强。全蛋和蛋黄在 $71℃$ 时不形成凝胶。蛋黄含有大量油脂和水分，在 $80℃$~$82℃$ 时其稳定的乳浊液受到破坏。而乳清蛋白在 $71℃$~$89℃$ 范围内仍保持溶液状态而没有胶凝。鸡蛋、酪蛋白酸钠和大豆蛋白则没有变化。乳清蛋白的胶凝作用可大大提高和改善烘焙食品的品质，使产品保持柔软、组织细腻。由于提高了持水性，可延长贮存期。

一般情况下，蛋白质在其等电点（pH 值为 4.5~5.0）时趋向于沉淀、变性或不可逆化学变化。蛋黄、酪蛋白酸钠和大豆蛋白则变化较大、不稳定。乳清蛋白是在干酪生产过程中，处于等电点时胶体悬浮液中剩余的牛乳蛋白质中的一部分。它们在酪蛋白等电点范围内仍保持其溶解性和乳化性。WPC 在 pH 值正常和 pH 值较低的情况下，仍保持良好的溶解性和分散性，不受 pH 值变化的影响，对 pH 值变化保持相当的稳定性。这种性质在食品中具有重要意义，它可使 WPC 均匀地溶解并分散在食品体系中，改善食品的组织和质地。WPC 的这种性质与其成分有关。乳清蛋白中含量最多的是 β－乳球蛋白，其次是 α－乳白蛋白，它们与酪蛋白不同，其粒子分散度高，水合力强，在乳中呈典型的高分子状态，甚至在等电点时仍能保持其分散状态。

WPC-1 中含有 55% 的乳糖，而 WPC-2 中含有 24% 的乳糖。这说明，乳糖要比蛋白质更影响分散性和吸水率，而蛋白质则更能影响面团搅拌时间的长短。

综上所述，乳清蛋白在烘焙食品中可代替部分鸡蛋和奶粉，在油炸食品中可减少耗油量，降低成本。乳清蛋白在点心制作中有较大的用途，具体到点心品种，如在面包制作中起到强化蛋白质的作用；在蛋糕类点心中，由于乳清易于水解，故不能全部代替鸡蛋，但可代替奶粉；在油炸类点心中能够减少耗油量，代替部分鸡蛋和代替全部的奶粉；在其他点心制作中，能起到乳化作用，并可代替 50% 的鸡蛋及全部的奶粉。

③乳蛋白质的营养价值。

乳蛋白质属于完全蛋白质，即它含有人体全部必需氨基酸。1 升牛乳可以满足或超过成年人每日所需要的必需氨基酸。从氨基酸组成来看，牛乳蛋白质的营养价值非常高，同时也是一种非常经济的优质蛋白质来源。由此可见，把牛乳及其制品作为面包、糕点生产的重要原料，是今后的发展方向，也是食品工程技术人员今后研究的一个课题。

（3）乳脂肪。

乳脂肪是由一个甘油分子和三个脂肪酸分子组成的三甘油酯的混合物。乳脂肪不溶于水，而以脂肪球状态分散在乳液中形成乳浊液。

乳脂肪的脂肪酸组成。牛乳脂肪的脂肪酸种类远较一般脂肪多，已发现其脂肪酸有 60 余种。除含有低级饱和脂肪酸外，还含有 $C_{20}\sim C_{26}$ 的高级饱和脂肪酸。不饱和脂肪酸主要是油酸，约占不饱和脂肪酸总量的 70%。

乳中的脂肪呈极细小的球体状，均匀地分布在乳汁中，脂肪球的外面包有一层乳清或蛋白质薄膜。乳脂肪球的直径平均为 1.6~10 微米。脂肪球的大小与乳脂肪的芳香和消化率有密切关系。一般来说，大的脂肪球芳香味浓，但消化率不如小的脂肪球。小的脂肪球芳香不如大的脂肪球，但比大脂肪球易于消化。

乳脂肪在 15℃ 时的熔点为 27℃~34℃，低于人的体温，同时乳脂肪本身已形成很好的乳化状态，因而含有乳及乳制品的面包和糕点消化率很高。对于任何一种食用脂肪被人体消化利用率的高低，其熔点是一个最大的考量因素。脂肪的熔点受脂肪分子链长短和不饱和度的影响，碳链越短或不饱和度越大，其脂肪的熔点越低，消化率也就越高。

（4）乳糖。

乳中糖类的 99.8% 以上是乳糖，此外还有极少量的葡萄糖、果糖、半乳糖等。牛乳中约含 4.7% 的乳糖。乳糖甜味比蔗糖低，不易溶于水；但可溶于乳汁的水分中呈溶液状态存在。乳糖水解后生成一个分子的葡萄糖和一个分子的半乳糖。

乳糖对初生婴儿和幼儿的智力发育非常重要，因为在婴幼儿的消化道内，分解乳糖的乳糖酶最多。随着年龄的增长，消化道内出现缺乏乳糖酶的现象，不能分解和吸收乳糖。乳糖能促进脑苷脂类和黏多糖类的生成，这些物质是构成脑细胞的必要成分。另外，牛乳糖可以促进肠道内乳酸菌的生长。乳酸的形成，可以促进婴幼儿对钙和其他矿物质的吸收。可见，在烘焙食品里加入乳及乳制品或在加入乳糖的同时加入乳糖酶，可促进人们对乳糖的消化吸收，防止佝偻病。

（5）乳中的无机盐和维生素。

牛乳中的无机盐主要有磷、钙、镁、氯、钠、硫、钾等，此外还有一些微量元素。牛乳中盐类的含量虽然很少，但对蛋白质的热稳定性有重要影响。牛乳中的铁含量比人乳少，因此在考虑儿童面包的营养时，有必要在此方面予以强化。

2. 乳制品

在面包、糕点食品中所用的乳制品有鲜乳、全脂乳粉、脱脂乳粉、甜炼乳和淡炼乳等。奶油也是从乳中提取出来的。

（1）乳粉。

乳粉是以鲜乳为原料，经浓缩后喷雾干燥制成的。乳粉包括全脂乳粉和脱脂乳粉两大类，由于乳粉脱去了水分，因此比鲜奶更耐贮存。根据包装形式的不同，其保存期少则几个月，多则数年，携带和运输方便，可以随时取用，不受季节限制，并容易保持产品的清洁卫生。因此乳粉在面包、糕点生产中广泛应用。

乳粉的性质与原料乳的化学成分有密切关系，加工良好的乳粉不仅保持着鲜乳的原有风味，按一定比例加水溶解后，其乳状液也和鲜乳极为接近，这一点与面包、糕点的生产及产品质量关系密切。

①溶解度。

乳粉溶解于水的程度为溶解度，此种性质对乳粉的质量影响很大。质量优良的乳粉可全溶于水中。乳粉的溶解度与加工方法有密切关系，喷雾干燥法制成的乳粉溶解度为97%~99%。

②吸湿性。

各种乳粉，不论其加工方法如何，均有吸湿性。乳粉吸湿后会凝结成块，不利于贮存。

③滋味。

正常的乳粉带有微甜、细腻适口的滋味。由于乳粉能吸收异味，故原料乳的状况、加工方法、容器等均会影响乳粉的滋味。

（2）炼乳。

炼乳分甜炼乳（加糖炼乳）和淡炼乳（无糖炼乳）两种，以甜炼乳销售量最大，在面包、糕点生产中使用较多。所谓甜炼乳，即在原料牛乳中加入15%~16%的蔗糖，然后将牛乳的水分加以蒸发，浓缩至原体积的40%。浓缩至原体积的50%时，不加糖者为淡炼乳。

甜炼乳是利用高浓度蔗糖进行防腐的，如果生产条件符合规定，包装卫生严密，在8℃~10℃下长时间贮存也不腐坏。由于炼乳携带和食用非常方便，因此，缺乏鲜乳供应的地区，炼乳可作为面包、糕点生产的理想原料。炼乳在加工过程中由于加入了蔗糖，有一部分蛋白质受热变性，对酸的凝集性也有所改善，故消化率有所提高。由于加热处理，维生素有所损失，特别是维生素 C 和 B_1 损失较为明显，与鲜乳相比损失 20%~50%。

（3）食用干酪素。

食用干酪素是用优质脱脂乳为原料制成的，它的组成为酪蛋白（94%）、钙（2.9%）、镁（0.1%）、有机磷酸盐（以磷计，1.4%）、柠檬酸盐（以柠檬酸计，0.5%）。

这种食用可溶性干酪素可按5%~10%加入面粉中生产面包、糕点、饼干。

（4）干酪。

干酪是将原料乳凝集成块，再将凝块进行加工、成形和发酵制成的一种乳制品。干酪的营养价值很高，其中有丰富的蛋白质、脂肪和钙、磷、硫等盐类及丰富的维生素。干酪在制造和成熟过程中及在微生物和酶作用下发生复杂的生物化学变化，使不溶性的蛋白质混合物转变为可溶性的物质，乳糖分解为乳酸与其他混合物。这些变化使干酪具有特殊的风味，并能提高消化吸收率，是面包、糕点、饼干的重要营养强化物质。

3. 乳在烘焙食品中的工艺性能

（1）乳的pH值与酸度。

健康牛所分泌的鲜乳pH值为6.4~6.8，且以pH值为6.5~6.7的居多。pH值低于6.4以下者，可能是初乳或酸败乳；pH值高于6.8者可能是乳房炎乳或低酸度乳。

牛乳的酸度是以T度来表示的。所谓T度就是中和100毫升牛乳所消耗的0.1mol/L氢氧化钠溶液的体积，消耗1毫升氢氧化钠溶液称为1T度。正常新鲜的牛乳酸度一般为16~18T度，如果酸度超过20T度即认为牛乳已经变酸。

刚挤出的新鲜乳的酸度称为固有酸度或自然酸度。固有酸度来源于乳中的酸性物质，非脂乳固体含量越多，固有酸度就越高，初乳的非脂乳固体特多，其固有酸度就特高。挤出来的乳在微生物作用下进行乳酸发酵，导致乳的酸度逐渐升高，这部分酸度可称为发酵酸度，固有酸度和发酵酸度的总和称为总酸度。

（2）牛乳的相对密度。

正常的牛乳，在20℃时的平均相对密度为1.032，其变动范围为1.028~1.034。如果乳的相对密度在1.028以下，乳清（主要成分为乳糖和无机盐类，其正常相对密度为1.027~1.30）的相对密度在1.026以下，而且非脂固形物在8%以下时，此乳有掺水的可能，这是因为牛乳的相对密度会由于加水而降低；如果乳的相对密度大于正常乳，则有脱脂现象，这是因为加脱脂乳和去除脂肪，乳的相对密度会增高。

（3）乳的表面张力、黏度和气泡性。

表面张力与牛乳的气泡性、乳浊状态、微生物的生长、热处理、均质作用与风味等有一定关系。牛乳的表面张力随温度的上升而减弱，随含脂率的减少而增强，20℃时为40×10^{-5}~$60 \times 10^{-5} \mathrm{N/cm^2}$。表面张力增强有利于泡沫的形成。

乳的黏度与含乳食品的生产工艺有密切关系。黏度随温度的升高而降低，在20℃时牛乳的绝对黏度为1.5×10^{-3}~$2.0 \times 10^{-3} \mathrm{Pa \cdot s}$。非脂乳固体含量一定时，黏度随着含脂率的增高而增大。

影响乳品形成泡沫的因素有温度、含脂率和酸度等。低温搅拌时乳的泡沫逐渐减少，在21℃~27℃达到最低点。在乳脂肪的熔点以上搅拌时泡沫增加。搅拌奶油时，由于机械作用的影响，发生乳脂与空气的强烈混合，空气被打碎成无数细小的气泡，这些气泡充满在乳脂内，1升乳脂中可达60亿个。

牛乳及其制品具有起泡性，并有一定的稳定性，在面包、糕点的生产中被广泛地应用。

（4）提高面团的吸水率。

乳粉含有大量蛋白质，其中酪蛋白占总蛋白质含量的75%~80%，酪蛋白的多少影响分散性和吸水率。乳粉的吸水率为自重的 100%~125%，因此，每增加 1% 的乳粉，面团吸水率就相应地增加 1%~1.25%。吸水率增加，可使产量和出品率相应增加，成本下降。

（5）提高面团筋力和搅拌耐力。

乳粉中虽无面筋蛋白质，但含有的大量乳蛋白质对面筋具有一定的增强作用，可提高面团筋力和面团强度，不会因搅拌时间延长而导致搅拌过度。特别是对于低筋面粉更有利。加入乳粉的面团更适合高速搅拌，高速搅拌能改变面包的组织和体积。

（6）提高面团的发酵耐力。

乳粉可以提高面团的发酵耐力，使之不因发酵时间延长而成为发酵过度的老面团。其原因是乳粉中含有大量蛋白质，对面团发酵过程中 pH 值的变化具有缓冲作用，使面团的 pH 值不会发生太大的波动和变化，保证面团的正常发酵。例如，无乳粉的面团发酵前 pH 值为 5.8，经 45 分钟发酵后 pH 值下降到 5.1；含乳粉的面团发酵前 pH 值为 5.49，45 分钟发酵后 pH 值下降到 5.27。前者下降了 0.7，而后者仅下降了 0.22。

乳粉可抑制淀粉酶的活性，因此，无乳粉的面团发酵要比有乳粉的面团发酵快，特别是低糖的面团。面团发酵速度适当放慢，有利于面团均匀膨胀，增大面包体积。

乳粉可刺激酵母内酒精酶的活性，提高糖的利用率，有利于二氧化碳气体的产生。

（7）乳粉是烘焙食品的着色剂。

乳粉中唯一的糖就是乳糖，大约占乳粉总重的 5%。乳糖具有还原性，不能被酵母所利用，因此发酵后仍全部保留在面团中。在烘焙期间，乳糖与蛋白质中氨基酸发生褐色反应，形成诱人的色泽。乳粉用量越多，制品的表皮颜色越深。乳糖的熔点较低，在烘焙期间着色快。因此，凡是使用较多乳粉的制品，都要适当降低烘焙温度和延长烘焙时间。否则，制品着色过快，易造成外焦内生。

（8）改善制品的组织。

由于乳粉提高了面筋力，改善了面团发酵耐力和持气性，因此含有乳粉的制品其组织均匀、柔软、疏松并富有弹性。

（9）延缓制品的老化。

乳粉中含有大量蛋白质，使面团吸水率增加，面筋性能得到改善，面团体积增大，这些因素都使制品老化速度减慢，延长了保鲜期。

（10）提高营养价值。

面粉是点心制作中的主要原料。但面粉在营养上的先天不足是因赖氨酸十分缺乏，维生素含量亦很少。乳粉中含有丰富的蛋白质和几乎所有的必需氨基酸，维生素和矿物质亦很丰富。

（五）点心常用的疏松剂

疏松剂指能够受热分解产生气体，使点心体积膨大、组织疏松的一类化学添加剂，又称膨松剂、膨大剂。

1. 点心制作对疏松剂的一般要求

以最小的用量而能产生最多的二氧化碳气体。在冷的面团中，二氧化碳气体的产生较慢，一旦经高温，则能迅速而均匀地产生大量二氧化碳气体。经高温处理后的成品中所残留的物质，必须无毒、无味、无臭和无色，化学性质稳定，在贮存期间不易变化。

2. 常用的疏松剂及性能

（1）发酵粉。

发酵粉俗称泡打粉、发粉、焙粉。

发酵粉主要由碱性物质、酸式盐和填充物三部分组成。碱性物质唯一使用的是小苏打。填充物可用淀粉或面粉，以分离发酵粉中的碱和酸式盐，防止它们过早反应，又可以防止发酵粉吸潮失效。

①发酵粉的配制和作用原理。

发酵粉是根据酸碱中和反应的原理制成的。随着面团和面糊温度升高，酸式盐和小苏打发生中和反应产生二氧化碳气体，使点心膨大疏松。

②发酵粉的分类。

发酵粉作用的快慢主要由酸式盐的种类来决定。因此，发酵粉可分为快速、慢速和复合型三种。

快速发酵粉：在常温下发生中和反应，释放二氧化碳气体。这类发酵粉的酸式盐有酒石酸氢钾、酸性磷酸钙等。由于快速发酵粉释放气体速度太快，所以在点心制作中一般较少使用。

慢速发酵粉：在常温下很少释放出气体。这类发酵粉中的酸式盐有酸式磷酸盐、磷酸铝钠、硫酸铝钠等。由于其在常温下很少释放气体，气体主要在入炉后产生，故也很少单独使用。

复合型发酵粉：在点心制作中常用，因其在常温下约释放 1/5~1/3 的气体，2/3~4/5 的气体在烤炉内释放，所以使用效果比较好。

（2）食粉。

食粉又名小苏打、小起子，化学名为碳酸氢钠，单独作用于点心中的产气量为 261 立方米 / 克。它是一种碱式盐，在点心制作中的作用机理是受热自身分解产生二氧化碳气体。食粉分解温度为 60℃~150℃，在 270℃时失去全部气体，并能与酸性物质或酸式盐反应放出大量二氧化碳气体。所以它常用来配合复合疏松剂。另外，利用食粉产气所制作的点心质地多呈现松脆的效果。

（3）臭粉。

臭粉又称臭碱、大起子，化学名为碳酸氢铵。它是一种白色的结晶体，对热不稳定，在较低温度下便可分解产生二氧化碳气体和氨气，并有氨臭味，吸湿性强，易溶于水，不溶于酒精。臭粉一般多与食粉配合使用，也可以单独使用，在点心制作中有松软、增白产品及降低面筋筋力的作用。

3. 常用疏松剂的保管

疏松剂的保管妥当与否对于其本身使用效果有着较大影响，所以在使用点心疏松剂的过程中必须注意做好保管工作。疏松剂有共同的特点：受热分解；吸潮后缓慢失去二氧化碳气体。有些疏松剂还会与其他容器发生反应，如臭粉会与铜发生反应生成蓝色的铜氨络合物等。因此，在使用疏松剂的过程中应注意以下几个方面：

（1）装载疏松剂的容器不要使用铜、铁、铝等金属品。

（2）容器加盖防止吸潮、氧化。

（3）按生产工作的实际情况，适当分成小批量另作储存使用，这样才能做好保管工作，确保疏松剂经过较长时间仍能保持原有的效能，不会造成原料的浪费。

（六）点心常用的香精、香料

为了进一步改善和提高点心的香气和风味，增进人们的食欲，在点心制作中经常会加入一些香味物质（即香精、香料）来调节香味。

香精是由数种或数十种香料经稀释剂调和而成的复合香料。点心中所用的香精主要有水溶性和油溶性两大类。水溶性香精是由蒸馏水、酒精、丙二醇或甘油加香料调和而成的，大部分是透明的液体，很容易挥发，所以不适于在高温下操作的点心使用。油溶性香精是由精炼植物油、甘油或丙二醇加香料调和而成的，大部分是透明的油状液体，由于含有较多的植物油或甘油等高沸点稀释剂，其耐热性比水溶性香精的要好。

香料按不同来源可分为天然香料和人工合成香料。天然香料包括动物性和植物性香料，点心制作中常用的主要是植物性香料，如甜橙油、酸橙油、红橘油、柚子油、柠檬油、香柠檬油等。另外，一些点心可以直接利用如桂花、玫瑰、椰子、莲子、巧克力、可可粉、蜂蜜、各种蔬菜汁等作为调香物质。人工合成香料一般不单独使用于点心制作过程中，多数配制成香精后使用。直接使用的香料有香兰素等少数品种。

1. 香精、香料的用量

应根据不同的点心品种和香精、香料本身及其香气强烈程度而定。油溶性香精在点心中的用量一般为0.05%~0.15%，但在使用过程中可视加温方法不同而有所增减，如在高温下进行加温并且加温时间较长的点心，其用量可相对高一些；一些甜度较高的点心用量相对可以低一些；甜度低并且水分含量少的点心用量可以相对高一些。

2. 添加时应注意的问题

由于多数香精、香料易受碱性条件的影响，所以添加在点心中要防止化学疏松剂与香精、香料的直接接触。如香兰素与食粉接触后会变成棕红色，从而影响点心的色泽。另外，在点心中添加时要注意香型的协调，因为不同的香精、香料都具有一定的香型，添加时必须与点心中的香型协调一致。如在做香橙鸡蛋卷时要使用香橙油；在做奶油蛋糕时使用玫瑰香精会产生怪味。

（七）色素

点心的色泽是点心感官质量的一个重要指标。点心制作中为了使点心美化，诱人品尝，或为了达到某种点心要求的色泽，需要加入某些色素进行调节。食用色素的种类很多，按其来源可分为天然色素和人工合成色素两大类。

1. 天然色素

天然色素的种类很多，按其性质可分为植物色素、动物色素和微生物色素三类。点心中常用的天然色素有以下几种：

（1）红曲米色素。

红曲米又称红曲、丹曲、赤曲等，是我国传统的食用色素，它是用红曲霉接种在蒸熟的米粒中，经培养繁殖后所得。在生长过程中红曲霉的菌丝分泌红色素，将米粒染成红色。红曲米为整粒或形状不规则的碎米，外表呈紫红色，质轻脆，微有酸气，味淡，易溶解于热水及酸碱溶液。用酒精浸泡红曲米，抽取红色的浸泡液，可得到红曲米色素溶液。红曲米色素具有以下特点：

①对酸稳定。

②耐热性好，一般烹调加热时不变色。

③耐光性好，在日常光线下比较稳定。

④着色性好。

⑤安全。

（2）焦糖。

焦糖又称糖色或酱色，是红褐色或黑褐色的液体。焦糖是由蔗糖、葡萄糖或麦芽糖在160℃~180℃的高温下加热，使它们焦糖化而制得。将蔗糖直接入锅炒焦，可自制少量的焦糖。

焦糖主要用于烘烤类点心，如黑麦面包、焦糖布丁蛋糕，还有一些糕类、馅类等。

（3）姜黄和姜黄素。

姜黄是一种多年生草本植物，将姜黄洗净、晒干后，磨成粉末即可得到姜黄粉。姜黄粉为橙黄色粉末，有类似胡椒的芳香，稍有苦味。将姜黄倒入酒精中，经搅拌、过滤、浓缩、干燥精制而成的结晶物质，即为姜黄素。

姜黄素用于点心制作中，能增加点心制品的黄色色泽，可用于制作绿豆糕、豌豆糕等。而姜黄粉在点心中很少使用，这是因为它的辛辣气味太浓烈，会影响点心的风味，一般制成咖喱粉后用于一些馅料中的调味。

（4）叶绿素。

叶绿素是自然界中一切绿色植物都含有的一种色素，它能使植物和未成熟的果实呈现一定的绿色。叶绿素耐酸、耐热、耐光性较差。点心制作中常常利用一些绿色蔬菜汁进行调色和着色。绿色汁液一般用于绿色点心的制作，如菠菜饺、绿色糕团等。

（5）可可粉和可可色素。

可可粉为可可豆经焙炒后去壳，加工成酱体，呈液块，然后榨去油，粉碎成末制得。可可粉呈棕褐色、味微苦，对淀粉类和含蛋白质丰富的食物染色力强。可可色素是从可可豆及其外皮中提取出的，色泽稳定，在烹饪过程中很少发生颜色变化，适用于制作烘烤类面点。

（6）咖啡粉。

咖啡粉是一种原产于热带非洲的茜草科常绿灌木或乔木咖啡的种子，经过焙炒、研磨等工艺处理后得到的粉末。咖啡粉呈深褐色，味道稍苦，有特殊的香气。

在点心中咖啡粉主要起调色增香的作用，尤其在制作西式糕点时经常使用咖啡粉。

2. 人工合成色素

（1）苋菜红。

苋菜红又叫蓝光酸性红，它是一种紫红色的颗粒或粉末，无臭，在浓度为0.01%的水溶液中呈玫瑰红色。苋菜红可溶于甘油，但不溶解于油脂，属水溶性的食用合成色素。苋菜红的耐光、耐热、耐盐性能均较好。

苋菜红主要用于糕点的着色，用量少，最大用量为 0.05g/kg。我国卫生部门规定婴幼儿食用的糕点和菜肴中不得使用苋菜红。

（2）胭脂红。

胭脂红又叫丽春红，是一种红色粉末，无臭。胭脂红溶解于水后，溶液呈红色。胭脂红溶于甘油而微溶于酒精，不溶于油脂，耐光、耐酸性好，耐热性弱，遇碱呈褐色。

胭脂红在点心制作中主要用于糕点的着色，最大用量为 0.05g/kg。

（3）柠檬黄。

柠檬黄也称酒石黄，是一种橙黄色的粉末，无臭。柠檬黄在水溶液中呈黄色，溶解于甘油、丙二醇，不溶于油脂。柠檬黄耐光性、耐热性、耐酸性好，遇碱则变红。

柠檬黄在点心制作中用于焙烤类点心的着色，因经得起高温，用于蛋糕、面包的裱色较为理想，最大用量为 0.1g/kg。

（4）日落黄。

日落黄也称橘黄，是一种橙色的颗粒或粉末，无臭。日落黄易溶解于水，在水溶液中为橙黄色，溶解于甘油，难溶于酒精，不溶于油脂，耐光、耐热、耐酸性好。日落黄遇碱变为红褐色，用于点心着色，最大用量为 0.1g/kg。

（5）靛蓝。

靛蓝是一种暗红色或暗紫色的颗粒或粉末，无臭，在水中的溶解度比其他食用合成色素低，其水溶液呈深蓝色。靛蓝还可溶于甘油，不溶于油脂，对热、光、酸、碱、氧化性均很敏感。靛蓝最大用量为 0.1g/kg。

3. 使用色素应注意的事项

（1）要尽量选用对人体安全的天然色素。

（2）使用人工合成色素时要掌握用量，不得超过国家允许的标准。

（3）要选择着色力强、耐热、耐酸碱的水溶性色素。

（4）应尽量用原材料的颜色来体现点心的色彩，使用色素是为了弥补原材料颜色的不足，但还是尽量少用色素为好。

（八）粤式点心制作中常用的肉类及水产类

在点心制作中，肉类及水产品常用于点心馅料的制作，掌握其性能对点心制馅会有很大的帮助。点心制作中常用的肉类及水产类一般有猪肉、牛肉、鸡肉、鸭肉、鹅肉及鱼、虾、蟹、动物的内脏等。

1. 肉类

（1）猪肉。

猪肉是点心馅料制作中最常用、用量最多的肉类原料，优质的猪肉制出的馅料口感是比较鲜美的。在选用猪肉的时候，一定要分清猪肉的质量好坏，并要认清猪肉的老嫩程度，以及是否为病猪肉、带寄生虫的猪肉等。猪肉质量的鉴别一般使用感官鉴别的方式。一般鉴别方法如下：

①新鲜的猪肉。

色泽呈淡红色，有光泽，切断面稍湿、不粘手，肉汁透明，在表面有一层微干或微湿的外膜；质地紧密并且富有弹性，用手指按压后弹性良好；在气味方面具有鲜猪肉正常的气味；皮脂肪呈白色，有光泽，有时呈肌红色，柔软而富有弹性；若将其用水煮制，则肉汤透明，汤表面聚集大量油滴，油脂的气味芳香、滋味鲜美。

②劣质的猪肉。

色泽呈暗灰色、无光泽，断面的色泽比新鲜猪肉的色暗，有黏性，肉汁混浊，在表面有一层风干或潮湿的外膜；在质地方面，肉质比新鲜肉柔软、弹性小，用手指按压后不能完全复原；在气味方面，肉的表层能嗅到轻微的氨味、酸味或酸霉味，但在肉的深层却没有这些气味；其皮脂肪呈灰白色，无光泽，容易粘手，有时略带油脂酸败味和哈喇味；若将其用水煮制，则肉汤混浊，汤表面浮油滴较少，无鲜香的滋味，常带有轻微的油脂酸败和霉变气味。

③变质的猪肉。

色泽呈灰色或淡绿色，发黏并有霉变现象，切断面也呈暗灰色或淡绿色、粘手，肉汁严重混浊，表面外膜极度干燥或粘手；在质地方面，其质地由于自身被分解严重，组织失去原有的弹性而出现不同程度的腐烂，用手指按压，不但不能复原，有时手指还可以把肉刺穿；在气味方面，腐败变质的猪肉，不论在肉的表层或是在肉的深层均有腐臭气味；其皮脂肪表面污秽、有黏液，呈淡绿色，脂肪组织很软，具有油脂酸败气味；若将其用水煮制，则肉汤极混浊，汤内漂浮着犹如絮状的烂肉片，汤表面几乎无油滴，具有浓厚的油脂酸败或显著的腐败臭味。

④冻猪肉质量鉴别。

新鲜的冻猪肉一般解冻后肌肉呈红色、均匀，有光泽，脂肪洁白，无霉点，外表及切面微湿润，不粘手，肉质紧密，有紧实感，在气味方面无臭味及其他异味。

⑤注水猪肉质量鉴别。

猪肉被注水后，很快会使口味变差，并容易腐败变质，不易保存，甚至有些不法商贩在猪肉中注入一些污水和淀粉水，更会加速猪肉变质和口味变差。注水肉若是瘦肉则色泽淡红并带白，有光泽，有水从肉中慢慢地渗出，若注水过多，水会从瘦肉上往下滴，若用手摸瘦肉不粘手，则可怀疑为注水肉。另外，用卫生纸或吸水纸贴在肉的断面上，注水肉的吸水速度会较快，黏着度和拉力均比较小，而且，将纸贴于肉的断面上，用手压紧，片刻后揭下，用火点燃，如有明火，说明纸上有油，肉未注水，否则有注水之嫌。

⑥米猪（囊虫病猪）肉的鉴别。

米猪肉是寄生有绦虫的猪肉，俗称囊虫病猪肉，绦虫卵像小米粒一样生长在病猪的瘦肉、肥肉及内脏等各部位。人一旦食用了这种猪肉，就会感染绦虫病，绦虫寄生在人体内，其幼虫能进入人脑、眼睛或心脏肌肉内，给人体健康造成极大的威胁。识别的方法主要是注意其瘦肉（肌肉）切开后的横断面，看是否有囊虫包存在。囊虫包白色、半透明呈石榴粒状，多寄生在肌纤维中，猪的腰肌是囊虫包寄生最多的地方。鉴别方法有：用刀子在肌肉上切割，一般厚度间隔为1厘米，连切四五刀后，在切面上仔细观察，如发现肌肉中附有小石榴粒或米粒一样大小的水泡状物，即为囊虫包，可断定这种肉就是米猪肉。

⑦瘟猪肉的鉴别。

瘟猪肉一般有以下特点：

出血点：猪皮上有出血点或出血性斑块，去皮猪肉的脂肪、腱膜或内脏上有出血点。

骨髓：正常的猪的骨髓应为红色，若骨髓是黑色，说明是瘟猪肉。

⑧老母猪肉的鉴别。

老母猪肉是指生育过猪仔的母猪经改良后宰杀的猪肉，因其口感较差，味道不鲜并有腥臊味而不受消费者欢迎。主要从以下几方面进行鉴别：

看猪皮：老母猪肉皮厚、多皱褶、毛囊粗，与肉结合不紧密，分层明显，手触有粗糙感。而正常猪肉颜色呈水红色，纹路清晰，肉细嫩，水分较多。

看瘦肉：老母猪肉肉色暗红，纹路粗乱，水分少，用手按压无弹性，也无黏性。

看脂肪：老母猪肉的脂肪看上去非常松弛，呈灰白色，手摸时手指上沾的油脂少，而正常猪肉的脂肪，手摸时手指沾的油脂多。

看乳头：老母猪乳头长、硬，乳腺孔明显。必要时切开猪胴体的乳房查看，乳腺中如有淡黄色的透明液体渗出，就基本可以肯定为老母猪肉或改良的老母猪肉。

⑨病死、毒死猪肉的鉴别。

病死、毒死的猪其肌肉色泽一般呈暗红色或带有血迹，脂肪呈桃红色，全身的血管充满了凝结的血液，尤其是毛细血管中更为明显；胸腹腔呈暗红色、无光泽，并且肌肉松弛，肌纤维易撕开，肌肉弹性差；由于病死、毒死的猪在宰杀时血没放出或放得不干净，所以嗅之有较浓的血腥味。

（2）牛肉。

牛肉在点心中一般用作点心馅料的原料，也可单独制作点心，如牛肉烧卖等。

品质好的牛肉呈鲜红色（如果是老牛肉一般呈紫红色），有光泽，脂肪洁白或呈乳黄色，弹性良好，用手指按压后能立即恢复原状，具有牛肉特有的土腥味，表面微干或有风干膜，触摸时不粘手；若将其用水煮制，则汤汁澄清透明，油脂聚浮于表面，具备特有的香味。

而劣质的牛肉色泽稍暗，切面光泽度欠佳，脂肪无光泽，用手指按压后恢复较慢或者不能恢复成原来状态，在气味上稍有氨味或酸味，表面粘手或干燥，新的切面湿润，若用水煮制，则汤汁混浊或稍混浊，油脂呈小滴浮于表面，香味差或无香味。

（3）禽肉。

禽肉一般用于点心馅料的制作，如煎薄饼馅、粟米饼馅、月饼馅（烧鸡、烧鸭、烧鹅等）及一些点心馅料的汤料等。一般新鲜的禽肉皮肤有光泽，因品种不同可呈现出淡黄、淡红和灰白等颜色，肌肉切面有光泽，眼球饱满，肉质弹性良好，用手指按压后能立即恢复原状，外表微干或微湿润，不粘手，并具有鲜禽肉的正常气味。劣质禽肉一般皮肤色泽暗淡或无光泽，切面光泽度不够或头颈部常带有暗褐色，眼球皱缩凹陷，晶体稍混浊或混浊，用手指按压后恢复较慢或不能恢复原状，外表比较干燥或粘手，新切面湿润甚至发黏，能嗅到难闻的气味或其他异味。

若禽肉经过注水，则会特别有弹性，用手拍肌肉会听到"啵啵啵"的声音，翻开翅膀仔细观察，会发现上面有红针点，周围呈乌黑色，在皮层下，用手指一拍，会明显地感到打滑。另外，有些不法商贩将水用注射器打入禽的胸腔的油膜和网状内膜中，只要用手指在上面稍微一拍，注过水的禽的网状内膜一破，水便会流淌出来；若用手摸禽体，觉得高低不平，摸起来好像有肿块的，则一定注过水；还有一种方法是用一张干燥易燃的纸贴在去毛的禽背上，稍加压力片刻，然后取下纸用火点燃，若纸燃烧，说明未注水，否则为注过水的禽肉。

2. 水产类

（1）鱼。

品质好的鱼，有光泽，鳞整齐，鳃鲜红，眼睛透明而凸出，肉结实而有弹性，用力切鱼肉时，刀口处闪闪发亮；品质差的鱼皮干枯，鳃呈灰红或灰白色，眼珠下陷，肌肉松弛而无弹性，鳞易于脱落，用刀切鱼肉时，骨与肉脱离。

活鱼加工时，把鱼放在砧板上，用刀拍鱼头使其昏死，用手扣着鳃部，执刀从尾至头部削去鱼鳞，然后削另一面，再将鱼头向下，尾朝天，用刀削鳃鳞，然后横刀从鳃下至尾鳍开刀，下刀不能太深，以免将肚戳破，开肚后取出肠脏，最后取鳃便可。

（2）虾。

虾分明虾和海虾。明虾又称对虾，以咸淡水交界处生长的较好。通常俗称的海虾实为江虾，在淡水中生长。

品质好的虾，头尾完整，身挺，略微弯曲，肉质结实细嫩，色泽青中带绿或青白色，虾壳发亮；品质差的虾，头尾易脱落或已脱落，肉质松而软，而且身较弯曲，色泽呈红或灰紫色，皮壳暗淡无光泽。

处理明虾的工具是用剪而不用刀，先剪虾枪，挑剪头部的虾屎，继而剪去须、钳、脚等，最后从背上挑去虾的肠便可。海虾的处理，主要是去头、壳，取肉，单纯用手操作，可不用剪和刀，故这个过程通称为"摘虾"，做法是用双手分别执虾的头尾两部，将虾的腹膜拗断，然后两手将虾肉挤出便可，也有撕壳取肉的，虽成功率高，但虾肉有膜裹着，肉色带红而不能白，通常多用挤而少用撕的办法。

（3）蟹。

选蟹要挑鲜活的，因为蟹死便发臭。质好的蟹，肉质结实，肥壮鲜嫩，壳青肚白；品质差的肉质松软。蟹的加工方法，是从脐部中线斩开（不要斩歪，否则会脱爪），将蟹翻转，螯向内，用刀压着将螯退去，再压着爪将盖起去，用斜刀削去盖旁的硬壳边，去掉盖内的胆和内鳃、扑尖，然后将蟹洗净，蒸约20分钟，蟹螯转红便熟。

拆蟹肉的方法：将蒸熟的蟹退去螯和爪（退爪2/5，剩3/5附于蟹身，使爪肉易拆），平握刀轻轻将爪压破，剔出肉，再用刀将蟹身上的钉退去（不去钉则肉退不净，并不显出肉纹），并用刀顺着蟹身肉纹将肉剔出，将螯斩两截，用刀轻轻拍硬壳将肉取出，如要酿螯，则取螯肉时，要保留螯下钳和蟹夹（类似于钳的韧骨）。

蟹的保养：每日用半斤精盐溶于水中做成10斤淡盐水，早、午、晚将蟹各淋洗一次，忌肥腻，天冷时，装蟹的笼子表面要用草席或麻袋盖着让蟹保暖，并预防其打架脱螯。

3. 肉类及水产类的性质及应用

（1）原料肉的成熟与变质。

①肉的成熟。

动物在被屠宰后，肉的内部会发生一系列变化，使肉变得柔软、多汁，并产生特殊的滋味和气味。这一过程称为肉的成熟，成熟过程可分为尸僵和自溶两个过程。尸僵是指动物屠宰后胴体因肌肉纤维的收缩而引起的不可逆的变硬现象。

此时动物肉的各方面性质表现不良，风味滋味最差。随着僵直时间的延长，一直达到最大僵直后，会继续发生一系列的生物化学变化，僵直的肌肉会逐渐变得柔软多汁，并获得细致的结构和美好的滋味，这一过程称为肉的自溶，此时肉的风味和滋味已经有了很大的改善。

②肉的变质。

肉的变质是肉的成熟过程的继续，肉的肌肉组织中的蛋白质在组织酶的作用下，分解生成水溶性的蛋白肽及氨基酸，完成了肉的成熟。若成熟继续进行，进一步分解，则会发生蛋白质的腐败。同时发生脂肪的酸败和糖的酵解，产生对人体有害的物质，统称为肉类的变质。

（2）肉类的化学组成及性质。

肉类的化学成分主要包括蛋白质、脂肪、碳水化合物、维生素、矿物质、水等。这些成分均受动物的种类、雌雄、年龄、所食的饲料、营养状态及不同身体部位的影响而有差异，并且屠宰后肌肉内部酶的作用对其成分也有一定的影响。肉类的性质可以从以下几方面进行描述：

①肉的颜色。

肉的颜色会随着动物的年龄、种类以及肉的部位等不同而有所不同，一般来说，猪肉呈鲜红色或淡红色，牛肉呈鲜红色或紫红色，马肉呈紫红色，羊肉呈浅红色，兔肉呈粉红色。老龄动物的肉色一般较深，幼龄动物的肉色一般较淡，在生前活动量较大的部位肉的颜色会比较深。此外，时间同样也会影响肉的颜色，如屠宰后的肉在贮藏加工过程中，颜色会发生各种变化，一般刚刚宰后的肉为深红色，经过一段时间变为鲜红色，时间再长则变为褐色。

②肉的味质。

肉的味质又称肉的风味，指生鲜肉的气味和加热后肉制品的香气和滋味。它是肉中固有的成分经过复杂的生物化学变化，产生各种有机化合物所致。一般鲜肉均有各自特有的气味。生牛肉、猪肉没有特殊气味，羊肉有膻味，狗肉、鱼肉有腥味，性成熟的公畜有特殊的腺体分泌物的气味等。肉水煮加热后产生强烈的肉香味，主要由低级脂肪酸、氨基酸及含氮浸出物等化合物产生。

除了固有气味，肉腐败、蛋白质和脂肪分解，则产生臭味、酸败味、苦涩味等。

③肉的嫩度和韧度。

肉的嫩度是肉品质的重要指标，影响肉嫩度的因素很多，除与遗传因子有关外，主要取决于肌肉纤维的结构和粗细、结缔组织的含量及构成、热加工和肉的pH 值等。

肉的韧度取决于动物的种类、年龄、雌雄及肌肉组织中结缔组织的数量和结构形态。如猪肉比牛肉柔软，嫩度高。阉畜由于性特征不发达，其肉较嫩。幼畜由于肌纤维含水分多，结缔组织少，肉质脆嫩。

加热可以改善肉的嫩度，大部分肉经加热蒸煮后，嫩度均有很大改善，并且肉的品质也发生较大变化。另外，宰后鲜肉经过加热成熟，其肉质可变得柔软多汁，嫩度明显增加。

④肉的保水性。

肉的保水性是指肉在压榨、切碎、搅拌时保持水分的能力，或向其中添加水分时的水合能力。这种特性对肉品加工的质量有很大影响。如在点心制作中，牛肉烧卖、鲮鱼球、点心的荤馅料等均要求有一定的保水性能，因水分在里面可以增加成品的嫩度及湿度，可以使点心更加美味可口。所以在选用肉类时，一定要结合肉的各项性质来选取较好的肉品，以保证所做点心的品质及口感。

（九）粤点中常用的干货（海味干货、鲜干蔬果）

干货是经过加工腌制与干制而成的，在点心制作中主要是用来增加点心的特殊风味、香味，现将几种常用干货作简单的介绍。

1. 鱿鱼

鱿鱼是以色泽鲜明、肉质嫩、气味香的特点应用于点心制作中的烧卖类、饭品和部分熟馅料中，有增香作用。

在点心制作中常用干鱿鱼。干鱿鱼可分为吊片、临高、竹叶三种。吊片鱿体积细薄、肉嫩、呈透明浅金黄、使用时不用水浸，在点心制作中常用；临高鱿体积稍大，肉嫩、透明、呈金黄色；竹叶鱿体形像竹叶，身稍长，色泽金黄。均只需浸泡 30~40 分钟便可使用（身厚的鱿鱼浸泡时间则需延长）。

2. 干贝

干贝就是平常所讲的江瑶柱，它含蛋白质、脂肪以及碘、铁等矿物质，在拌制点心馅料时，适当加入能增加馅料的特殊风味，显出滋味鲜美的特色。

点心制作中使用的干贝多为干制品，一般以淡黄色或深黄色、质地紧硬、颗粒齐整、表面无盐霜的干贝为佳，在使用时只需用清水浸 10~20 分钟；涨发后捞起放入煲中，加入姜片、酒、少许的水，用隔水蒸或慢火烧的方法将干贝蒸至稔软，之后拆散放入馅料中或其他食品中即可。

3. 带子

带子以其色白味美、质感爽滑、营养丰富的特点，在点心制作中常用于拌制馅料，以增加特色和风味，如做带子饺之类的点心。

在点心制作中一般以鲜带子为主，色白、身厚、棋子形、肉质有弹性的带子质量较好，在使用时只需先用味料腌制 10~15 分钟，便可使用。

4. 虾米

虾米以其色泽鲜明、味香、营养丰富的特点在点心制作中常被用于炒制馅料以增加香气，还可起点缀等作用。

虾米以呈蜡黄或赤红色、明亮，肉身完整，无皮屑和杂质，气味清香，味鲜可口为优质。使用时只需洗干净，用清水浸约 10~20 分钟便可使用。

5. 香菇

香菇以其味香、爽口、营养丰富的特点，在点心制作中常用于馅料的拌制。

香菇是一种真菌植物，有冬菇、香信、花菇、北菇、西菇、滨菇之分。以下对其特点稍作分析。

冬菇：形状如伞，表面为黑色，身厚，边缘向下并有内卷，菌褶缜密，内色白中透黄。菌柄有正中或偏生，味道香浓。

香信：菌体较薄，边缘不内卷，菌伞大小不均，菌褶粗疏，表面呈黄中带黑，菌柄较长，肉质一般，香味一般。

花菇：菌面呈灰黑或褐黑色，菌伞肥厚，边缘向下内卷，菌褶细密，内色白黄，味道香浓。

北菇：冬菇的一种，特点和冬菇一样，区别在于产地，北菇以产于广东韶关、南雄、乐昌、英德等地的为名品。

西菇：身厚，菌面略有霜白，菌柄粗长，香味不大，肉质较为粗糙。

滨菇：身厚，表面色黑带花纹，肉质爽滑，但香味欠佳。

在以上各类香菇中，需先去蒂，之后浸泡至稔软才可使用，也可根据要求加姜、葱之类，再加入味料炖稔或煮稔后使用。

6. 花生

花生以其生津、润肺、平肝、滋阴、增加血小板、味道香浓的特点，用于点心馅料制作、装饰、点缀等作用。

花生一般以果粒肥厚的为好，在使用时视品种需要经煮、炸、烤去衣使用。

7. 莲子

莲子以性平，入心、肾、脾之经，可养心、益肾、补脾、涩肠，味香浓的特点，在点心中常用于制作馅料（即莲蓉馅）。

莲子有湘莲、建莲、湖莲三种。湘莲一般以颗粒圆肥饱满、呈粉红色、身干、含淀质较多、浸发吸水量大、涨发性好为优质。建莲以颗粒圆肥略长、呈浅褐红色、质素与湘莲接近为优质。湖莲一般颗粒瘦，身稍长，呈棕红色，淀粉含量一般，水分较多，涨发一般，是三种中之质差品。

莲子浸发后去皮，去芯，煮稔后使用。

8. 五仁

五仁就是我们所说的芝麻仁、瓜子仁、核桃仁、杏仁、榄仁。主要用于制作月饼馅料和增加点心的香味，起点缀的作用。

常见的麻仁（即芝麻）有两种，一种是白色芝麻，另一种是黑色芝麻。芝麻以粒子大小均匀，颗粒饱满，表面有光泽，颜色明显，无杂质为质好。

常见的瓜子仁色白、粒子扁平，近似椭圆形，以颗粒均匀、有香味、干涩为质好。

常见的核桃仁为褐红色（果衣），呈鸡冠花形纹沟，以圆整、肥大、无蛀虫、无杂质、味正为质好。

常见的杏仁有南杏和北杏之分，南杏为扁桃形，上尖下圆宽，身宽厚，表皮呈浅褐红色，以颗粒大小均匀、味正为质好。北杏形如南杏，但身圆窄，体积略小，色稍深，以有苦杏仁气味为质好。

常见的榄仁为米白色，表面有光泽，以体形饱满、粒子均匀、身干、无蛀虫、无碎粒、无杂质为质好。

五仁含有人体所必需的营养成分，在使用时可根据品种的需要，直接使用或经加温处理后使用。

9. 白果

白果在点心制作中经常使用，多用于煲粥、制作斋馅。

白果一般形为椭圆，白中带黄，果肉皮膜青白色，去膜后呈青黄色，以果粒均匀、体形圆整、饱满，略有光泽为质好。

白果有止咳、补肺、健脾、利尿的功效，使用前先用开水浸泡约 20 分钟，去衣后便可使用。

10. 粉丝

粉丝在点心中常用于素馅拌制、点心装饰。

粉丝一般以颜色银白闪光，粗细均匀平直，透明，弹性、韧性较强，熟后全透明，久煮不断为质好。

粉丝是营养价值较高的食品，一般用清水浸软后使用。

上述介绍的干货，基本上都是点心制作中常用的。在使用时必须鉴别其质量方可使用，要懂得如何保管好干货，如在保管时一般以干净的塑料袋独立包装，扎紧口放于阴凉、干爽、通风、低温的地方，方可较好地保存，以免浪费。

想一想

1. 粤式点心生产中常用的原材料有哪些？

2. 糖在粤式点心中的性质及作用体现在哪些方面？

3. 影响蛋白发泡性的因素有哪些？

4. 肉类的性质及在点心制作中的工艺性能体现在哪些方面？

5. 如何鉴别优质的猪肉与牛肉？

6. 在粤式点心制作中原材料的选用应注意哪些问题？

项目 5
粤式点心产品原料的选用

学习目标

1. 了解粤式点心生产中原材料选用的基本原则。

2. 掌握粤式点心生产中原材料选用的要求。

3. 具备选用粤式点心生产中不同产品所对应的原材料的技术。

一、发酵类产品原料的选用

发酵类产品主要是利用酵母菌在适宜的温度下，在糖类等营养物质条件的保障下，在面点主坯内进行繁殖、发酵产生二氧化碳气体，使面点的体积增大，加温时气体受热膨胀，从而生产出的一类组织疏松、多孔、绵软的面点制品。目前市场上常见的发酵类产品主要有依仕（酵母的英文 yeast 的音译）皮类、面包皮类、发面皮类和小酵面皮类等。它们所使用的原料种类繁多，主要有面粉、白砂糖、酵母、鸡蛋、乳品、肉类、调味料等。

（一）面粉

1. 发酵类产品面粉的选用

面粉是发酵类产品最主要的原料，高、中、低筋面粉均可以在发酵类产品制作中使用，主要是根据不同产品的需求进行合理的选择。如面包皮必须选用高筋面粉，因为它需要有较大的体积，疏松、多孔的组织结构；依仕皮对体积的要求不是很高，所以可以选择中、低筋面粉来制作，对于目前酒店内所制作的组织比较细腻的依仕皮产品来说则一定要选用低筋面粉，以求所制作的产品组织细腻、色泽洁白；小酵面皮则要求有一定的筋韧性，所以一般选用中筋面粉来制作；而发面皮对筋力的要求较小，所以一般选用低筋面粉来制作。

2. 面粉在发酵类产品中的主要作用

（1）形成发酵类产品的骨架。由于面粉吸水会形成面筋，所以起到了支撑发酵类产品的框架作用，并使面粉中的淀粉受热吸水膨胀、糊化定型，形成发酵类产品疏松、多孔的组织结构。

（2）为酵母提供了发酵所需的能量。当发酵类产品配方中糖含量较少或不加糖时（如馒头、葱油饼等产品的制作），其发酵所需要的能量便由面粉提供。即面粉中的破裂淀粉在淀粉酶的作用下，逐步水解产生蔗糖与麦芽糖，最终转化为葡萄糖而被酵母吸收利用。

（二）糖类

1. 发酵类产品糖类的选用

糖类是酵母发酵过程中必需的营养物质，发酵类产品所用糖类一般选用白砂糖、糖粉和麦芽糖等。如依仕皮类产品要求色泽洁白、表皮光滑明亮，一般选用质量较好的白砂糖。面包类产品由于要求烤出的色泽为金黄色，所以除选用白砂糖外，也有部分面包选用麦芽糖。其他发酵类产品如小酵面皮、发面皮一般选用细砂糖，以便于和面种进行溶解。

2. 糖类在发酵类产品中的作用

（1）甜味作用。糖是富有能量的甜味料，在发酵类制品中可以赋予制品甜味，并且它也是酵母主要的能量来源。

（2）保鲜作用。糖的高渗透压作用可以抑制细菌的生长，起到延长保质期的作用，并且糖具有吸湿性及保潮性，可使产品保持柔软，并延长了发酵类产品的保鲜期。

（3）增色作用。此作用主要针对面包皮而言，因为面包皮要求表皮色泽金黄，所以可利用糖的焦糖化作用和褐色反应，为其提供诱人的色泽和特有的烘烤香味。

（4）改善内部组织作用。糖的反水化作用可以改善面团的物理性质及发酵类产品的内部组织结构。

（三）水

水是发酵类产品生产的重要原料，也是酵母生长繁殖所必需的营养物质。其在发酵类产品生产中的作用如下：

（1）促使面筋形成。面筋是由面粉中的蛋白质吸水形成的，水是发酵类产品型格骨架的保障。

（2）能使面粉中的淀粉吸水糊化，变成可塑性面团。

（3）能溶解盐、糖、酵母等干性辅料。

（4）能帮助酵母生长繁殖，促进酶对蛋白质和淀粉的水解。

（5）可以控制面团的软硬度和面团的温度。

（四）油脂

1. 发酵类产品油脂的选用

发酵类产品油脂选用的种类较多，大多用于面包皮的制作中，依仕皮、发面皮、小酵面皮的用油种类较少，主要以猪油为主，馅料中用油主要以花生油和麻油为主。面包皮的用油大多选用固态油脂如猪油、乳化起酥油、面包用人造奶油等，也有部分面包选用面包用液体起酥油和植物油。

2. 油脂在发酵类产品中的主要作用

在用依仕皮、发面皮和小酵面皮制作的产品中，油脂主要起增香、增白和增加表皮光亮度的作用。

在用面包皮制作的产品中，油脂除了增加面包的食用价值外，其乳化性还可以抑制面团中大的气泡的出现，使面包内部气泡细密并在面包中分布均匀，并且通过油脂的润滑作用，在面筋和淀粉之间的分界面上形成润滑膜，使面筋网络在发酵过程中的摩擦阻力减小，有利于膨胀，增加了面团的延伸性，增大了面包的体积。又因为油脂可以延缓面包老化，所以能延长面包的保鲜期，从而延长货架寿命。

（五）酵母

酵母，又称依仕，是制作发酵类产品的一种重要生物膨松剂，主要运用于依仕皮、面包皮和小酵面皮中，而发面皮则是利用面粉中本身所含的天然酵母及自身酶的作用进行疏松的。

1. 酵母的种类及其使用方法

酵母通常有以下三种：

（1）鲜酵母。

鲜酵母又称压榨酵母，它是酵母菌种在糖蜜等培养基中经过扩大培养和繁殖、分离、压榨制成的。鲜酵母具有以下特点：

①活性不稳定，发酵力不高，一般为 600~800 毫升（产气毫升数）。活性和发酵力随着贮存时间的延长而大大降低。因此，鲜酵母随着贮存时间延长，需要增加其用量，因而增大了成本，这是鲜酵母的最大缺点。

②不易贮存。需在 0℃~4℃的低温冰箱（柜）中贮存，增加了设备投资和能源消耗。若在高温下（如夏季室温）贮存，鲜酵母很容易腐败变质和自溶。低温下可贮存 3 周左右。

③使用方便。但使用前一般需用温水活化。

（2）活性干酵母。

活性干酵母是由鲜酵母经低温干燥制成的颗粒酵母，它具有以下特点：

①使用比鲜酵母更方便。

②活性稳定，发酵力很高，高达 1300 毫升，因此用量也很稳定。

③不需低温贮存，可在常温下贮存 1 年左右。

④使用前需用温水活化。

（3）即发活性干酵母。

即发活性干酵母是近些年来发展起来的一种发酵速度很快的高活性新型干酵母，主要产于法国、荷兰等国家。近年来，我国广州等地与国外合资生产即发活性干酵母。它与鲜酵母、活性干酵母相比，具有以下五个鲜明特点：

①采用真空密封包装，包装后很硬。如果包装袋变软，则说明包装不严、漏气。

②活性远远高于鲜酵母和活性干酵母，发酵力高。因此在制作面包皮、依仕皮时用量比鲜酵母和活性干酵母少。

③活性特别稳定。在室温条件下密封包装可贮存两年左右，不需要低温贮存。

④发酵速度很快。能大大缩短发酵时间，所以最适合目前人们生活节奏加快的要求。

⑤使用时不能直接与过热、过冷、高浓度糖溶液、高浓度盐溶液等高渗透压物质接触。这与其生活习性有很大关系。

2. 酵母在发酵类产品中的作用

（1）生物膨松作用。酵母在面团发酵中产生大量的二氧化碳气体，并由于面筋网状组织结构的形成而被留在网状组织内，使面包疏松、多孔，体积变大、膨松。

（2）面筋扩展作用。酵母发酵除了产生二氧化碳气体之外，还有增强面筋延伸性的作用，使酵母所产生的二氧化碳气体能保留在面团内，提高了面团保存气体的能力，如用化学疏松剂则无此作用。

（3）改善发酵类产品的风味。酵母在发酵时，会分解淀粉产生酒精、二氧化碳气体和许多其他的与发酵类产品风味有关的挥发性和非挥发性化合物。这也是发酵类产品特有香味的来源之一。

（4）增加制品的营养价值。酵母的主要成分是蛋白质，在酵母体内，蛋白质含量几乎为一半，且必需氨基酸含量充足，尤其是谷物中较为缺乏的赖氨酸含量较多。此外，酵母还含有大量的 B 族维生素，所以可提高面包制品的营养价值。

3. 影响酵母活性的因素

（1）温度。酵母生长的适宜温度为 27℃~32℃，最适宜的温度为 27℃~28℃。因此面团发酵时应控制发酵室温在 30℃以下。控制在 27℃~28℃范围内主要是为了使酵母大量增殖，为面团最后醒发积累后劲。酵母的活性随着温度升高而增强，面团内的产气量也大量增加，当面团温度达到 38℃时，产气量达到最大。因此，面团醒发时要控制在 38℃~40℃。如温度太高，酵母衰老快，也易产生杂菌。在 10℃以下，酵母活性几乎完全停止。故在面包生产中，不能用冷水直接与酵母接触，以免破坏酵母的活性。

（2）酸碱度。酵母适宜在酸性条件下生长，在碱性条件下其活性大大减小。一般面团的 pH 值应控制在 5~6。pH 值低于 2 或高于 8，酵母活性都将大大受到抑制。

（3）渗透压。酵母细胞外围有一半透性细胞膜，因此外界浓度的高低能影响酵母细胞的活性。在面包面团中都含有较多的糖、盐等成分，均产生渗透压。渗透压过高，会使酵母体内的原生质和水分渗出细胞膜，造成质壁分离，使酵母无法维持正常生长以致死亡。糖在面团中超过6%（以面粉重量计）则对酵母活性具有抑制作用，低于6%则有促进发酵的作用。盐在面团中的用量超过1%（以面粉重量计）时，即对酵母活性有明显的抑制作用。

（4）水。酵母的主要化学成分是水，许多营养物质都需要借助水的介质作用被酵母吸收。因此，调制面团时加水量较多、较软的面团，发酵速度较快。

（5）营养物质。影响酵母活性的最重要营养源是氮源。而目前一般的发酵类产品中，营养物质均足以促进酵母繁殖、生长和发酵。

4. 选购即发活性干酵母时需要注意的问题

从使用方便的角度出发，目前发酵类产品制作中大量使用的酵母种类为即发活性干酵母，在选购即发活性干酵母时应注意如下几点：

（1）包装。购买时首先要看包装是否严实，因为即发活性干酵母是真空包装的，故包装非常结实，用手摸起来硬度与石块一样，若发现包装有松动或松软，则说明包装不严实，不要购买。

（2）商标。购买酵母时必须注意外包装上"高糖""低糖"字样，因为市场出售的即发活性干酵母，根据其耐渗透压的不同分为耐高浓度糖溶液和耐低浓度糖溶液两种。"高糖"字样的是制作甜面包皮必须选用的，"低糖"字样的用于不含糖或很少糖的依仕皮、小酵面皮，所以在购买时一定要看清包装上的"高糖"或"低糖"字样。就法国"燕子牌"酵母来讲，"红燕"商标代表耐低糖的，"黑燕"商标则代表耐高糖的。

（3）生产日期。即发活性干酵母的保质期一般为两年，所以在购买时要看清生产日期，并且一次购买不能过多，要根据实际生产需求量而定。否则大量买回后，放置时间太久，同样会降低酵母的效力甚至失去效力，造成原料的浪费。

（六）其他原料

1. 鸡蛋

鸡蛋主要用于面包皮类产品的制作中，作用如下：

（1）增加面包的营养价值。

（2）增加面包的色、香、味。由于褐色反应，在面包表面涂上一层蛋液，经烘烤后呈漂亮的红褐色，并产生特殊的烘烤香味，可增进面包的口味。

（3）改善面包内部组织，使产品柔软有弹性。

（4）由于蛋黄含有卵磷脂，具有一定的乳化作用，可以延缓面包的老化，改善成品的贮存性，延长货架寿命。

2. 乳品

发酵类产品经常用到的乳品主要有鲜牛乳、乳粉、炼乳等，前两者主要用于面包皮类产品的制作，炼乳则多用于依仕皮及小酵面皮类产品的制作。主要作用

如下:

（1）改善制品的风味与香味，提高产品的营养价值；并由于乳糖的作用，在面包皮类产品制作中可优化其表皮的颜色。

（2）改善面团性质，增加面筋强度，加强面筋韧性。

3. 面包改良剂

面包改良剂又称面粉改良剂或面团改良剂，主要用于面包皮类产品的制作，其主要成分是氧化剂。它的作用是改良面粉，增加面筋的强度，对面筋含量较低或面筋质量较差的面粉作用尤其重要，能极大地提高和改善面包的品质。

4. 椰浆

椰浆是由椰子肉压榨而来的，色泽洁白，质地滑滑，在发酵类产品制作中主要用于增加依仕皮、小醇面皮、发面皮的洁白度与增进制品的风味。

5. 发酵粉、臭粉与食粉

发酵粉、臭粉与食粉在前文中已有介绍，这里不再赘述。

6. 枧水

枧水是从木柴灰或香蕉头、茎等材料中浸提出来的，它是一种微黄色的液体，质地滑滑，碱性是纯碱的1/3。它在面点制作中使用比较方便，易于与面点原材料混合均匀。它的作用是中和酸性物质并产生部分二氧化碳气体，以增加面点制品的脆硬度及弹性，在馅料制作中可使肉粒变得更加爽滑。

二、糕品及米粉类产品原料的选用

（一）米粉类

米粉主要是以米类品种为原料制作而成的，我国常见的米类品种有粳米、籼米和糯米等。

1. 糯米粉

糯米粉是由糯米加工而来的，其粉粒松散，色泽稍白，其最大特征是遇水加温后黏度最强，在所有粉类中居首位，并且韧性也很大。根据不同的加温方法如炸、煮、蒸、煎等又可制作出不同的面点产品，如芝麻枣、空心煎堆、九江煎堆、咸水角、元宵、糯米糍、年糕、棋子饼等。

2. 粘米粉

粘米粉是以粳米与籼米为原料加工而成的，有水磨与机磨之分，水磨粘米粉一般以色泽洁白，品质细腻光滑为好。粘米粉粉粒松散，有特有的大米香味，主要用于制作中式面点中的松糕、萝卜糕、芋头糕、钵仔糕等。

（二）米浆类

米浆主要由糯米、大米或几种米类的混合物与水混合后磨制而成。米浆不同于米粉和水所调的浆，米浆品质比较细腻、匀滑，制成品黏、韧性较强，质地爽口。根据其制作产品的不同，米浆的调制方法也有所不同，米浆主要有水浆、吊浆和发浆三种类型。

1. 水浆

水浆是将糯米、大米或用两种米搭配制成的。具体做法：先将米类清洗干净，再用清水浸泡约 12 小时，浸至米粒无硬心便可以清洗干净并换清水，然后用石磨磨成细浆，这种细浆便称作水浆。水浆一般用于制作凉糕等。

2. 吊浆

吊浆分为糯米吊浆、大米吊浆以及用糯米和大米混合制成的吊浆。具体做法：将已磨出的水浆吊于干净的布袋内，悬吊起来将水分滴干。然后便可将吊好的浆搓成团制作各种糕品。吊浆主要用于制作年糕、芙蓉糕等。

3. 发浆

发浆通常采用大米磨制而成，因为其他种类的米不能产生膨松的体积。发浆的浸泡处理方法与水浆、吊浆一样，不同的是在磨制前要加入大米饭（约为大米重量的 1/10），磨好后装入合适的容器内，再加入约为米浆重量 1/10 的老浆（老浆即前一次制作的发浆，加入量一般夏季要适量减少，冬季则适量增加），搅拌均匀后将容器口密封，发酵，一般夏季约 6 小时，春秋季约 8 小时，冬季则需 10 小时以上。发浆一般用于制作蜂糕、伦教糕等。

（三）其他原料

除前文已经介绍的马蹄粉、粟粉、可可粉、吉士粉之外，其他原料还包括莲藕粉等。

莲藕粉是由莲藕加工而来的，其粉质细滑、色泽浅红、吸水量较大，莲藕粉一般受水量为其自身重量的 3 倍左右。在面点制作中可作其他糕品的调味之用，也可以单独用于制作莲藕糕，西式面点中甚至用莲藕粉来制作果冻等产品。

三、澄面皮产品原料的选用

（一）澄面

澄面的特点是粉质手感细滑、色泽洁白，烫熟并经加温后为半透明体，质地软滑爽口。适合制作一些半透明状、可以从外面看到点心内部馅料的点心品种，如虾饺、晶饼、水晶角、粉果等。

（二）生粉

生粉是用木薯和杂豆类加工而成的，主要成分为淀粉。生粉色泽洁白，手感细滑，经加温后黏、韧性极强，透明度高，主要用于配合澄面制作一些半透明状的点心，增强澄面皮的韧性及透明度。

（三）虾

虾的种类比较多，但用于澄面皮点心类的主要是明虾，以咸、淡水交界处生长的为好，但制作中一般使用冰鲜虾仁，其质量以肉质结实且细嫩、略微弯曲、色泽青中带绿或青白色、有光泽者为好。

四、油酥类产品原料的选用

（一）层酥类产品原料的选用

1. 面粉

层酥类产品在选择面粉时一般选用中、高筋面粉，因为层酥类产品在烘烤时，随着水蒸气的不断产生，产品体积会不断地胀大，而只有面筋具有良好的延伸性和弹性，能保证良好的持气性，使产品随空气的胀大而膨大，不至于破裂而使水蒸气外溢。

2. 油脂

油脂是制作层酥类产品的基本原料之一，选择适当的油脂可使操作便利，防止走油，增大体积，减少用油量并降低制作成本。制作层酥类产品的油脂可分为两部分：

（1）面团内油脂。

这部分油脂在面团内起润滑作用，使其柔软，降低面筋的韧性，便于下一道工序的擀制。其用量要根据面粉的面筋含量而定，用油量应与面筋含量成正比。面筋含量高的面粉应多用油，面筋含量少的面粉则少用油。一般为面粉量的5%~40%。油量过少，则产品品质脆硬，不松化；用油量过多，则产品酥松易碎，体积较小。所以在制作时应根据品种适当控制面团中的用油量。

（2）包入面团内的油脂。

这部分油脂的品质直接影响到层酥类产品的质量，包入面团内的油脂必须符合下列三个条件：

①油脂的熔点要高。一般固体油脂的熔点为30℃~38℃，而制作层酥类产品的油脂熔点要求为冬季39℃、夏季46℃，这是一般油脂所不能达到的。如果用一般油脂来制作酥皮产品，必须放进冰柜以降低温度来提高油脂的硬度。但这种方法会延长操作时间，增加许多不必要的麻烦，稍有不慎，便会导致失败，比如油脂易软化，从隔层中渗出或渗入面团中，使油脂失去膨大与隔离作用，而且面皮中水分不易蒸发，使面皮黏合在一起，不易烤熟，失去松脆的口感。反之，若使用熔点过高的油脂，会使层酥类产品入口无法融化，味同嚼蜡，品质也不理想。

②油脂的可塑性要好。即油脂的软硬度要适当，可以任意伸展而不溶化，在操作时可以塑造成各种不同的形状。可塑性好的油脂可以擀成像面皮一样薄而不溶化，并且均匀地铺展在面皮层间的每一部分，不相互粘连。

③油脂的气密性或不透气性要好。包入面团内的油脂阻止面皮产生的水蒸气透过，从而把面皮一层一层地顶起，使产品体积膨胀。从理论上讲，不含水分的纯油脂气密性最好，但可塑性相对差一些。

3. 清水

制作层酥皮的面团用水量为面粉量的50%~55%，这要由面粉的吸水性和配方中面团内用油量以及气候来决定。原则上，面团搅拌后的柔软度应和包入面团内油脂的硬度基本一致，因为如果面团比油脂软，在擀制时会导致水皮破裂，油脂外溢，无法操作或操作层次不良；如果面团比油脂硬，则会导致擀制时延伸性差，影响成品品质。所以，为了达到这一要求，无论冬季或夏季，制作层酥类产品的皮料时最好使用冰水，因为一定量的面粉加冰水与加等量温水相比，搅拌后，加冰水的面团较硬，故可提高面粉的吸水量，为加温产生蒸汽提供了水分。

4. 鸡蛋

鸡蛋可以增加产品的色泽及香味。一般在层酥类产品的皮料中可以不加蛋，如果要加，以不超过面粉量的 1.5% 为宜。另外鸡蛋可以涂于整形后的半成品的表面，增加色泽。

5. 白糖

层酥类产品面团中用糖量很少，主要是增加成品的色泽，用量为面粉量的 3%~5%，对于一些要求上色较快的产品如老婆饼等，可以适量地增加用糖量。

（二）混酥类产品原料的选用

1. 面粉

混酥类产品一般选用低筋面粉，因为要抑制面筋生成，必须保证面粉的筋度不能过高，但又需保证有一定的筋度，否则成品易破碎，型格不能完整地保持。如果面粉筋度过高，在面团调制过程中很容易使面筋生成，从而影响成品酥松度，并且在操作过程中，还要使用一些不能使面筋生成的措施，如搓面团时必须使用折叠手法等。

2. 油脂

混酥类产品应优先选用固体油，因为混酥面团起酥与油脂性质有密切关系。油脂以球状、条状或薄膜状存在于面团中，不同的油脂在面团中的分布状态不同：含饱和脂肪酸高的氢化油和动物油脂大多以条状或薄膜状存在于面团中，而植物油大多以球状存在于面团中。条状和薄膜状的油脂比球状油脂润滑的面积大，且具有更好的起酥性，而以球状状态分布于面团中的液体油起酥性没有固体油好。

3. 疏松剂

混酥类产品所用的疏松剂一般为臭粉、发酵粉、食粉，在选用疏松剂时，首先要根据产品的特点与型格来进行适量的选择。如臭粉加热时所产生气体的方向是横向的，所以在混酥类产品中加入臭粉，必然会导致产品向两边泄身，所以臭粉适合加入一些饼状类混酥产品的面团中。发酵粉产气向四周扩散，并且遇水会分解，所以发酵粉一般与面粉一起过筛使用，且最好用于型格较为圆整的混酥类产品制作中。食粉的产气速度比较慢，只有在高温时才可放出气体，但其有增脆的功效，所以一般用于饼状的混酥类产品制作中。

4. 清水

混酥类产品配方中用水量特别少或不用水，用水的主要目的就是调节面团的软硬度，而水的加入会加快面筋的形成，从而影响到产品的酥松度，所以在加水时必须注意加入的顺序。先将清水与油脂充分混合均匀，使油与水充分乳化均匀后再与面粉混合，就会使面筋生成速度减慢，不会对成品造成太大的影响。

五、植物皮类产品原料的选用

植物皮类产品是由菱角、马铃薯、栗子、番薯、芋头等富含淀粉的原料为主料制作的，其原理主要是利用糊化后的淀粉与固态油脂相互混合后，在适宜的油温下淀粉发生重新分离而产生丝状或疏松状结构，使产品入口即化，外松脆、内软香。

（一）菱角

菱角为水生植物，中国南部各省均有人工栽培或野生的菱角。菱角有青色、红色和紫色，皮脆肉美，可谓佳果，可作为粮食之用。一般蒸煮后食用，或晒干后剁成细粒。菱角含有丰富的淀粉、蛋白质、葡萄糖、脂肪及多种维生素，用菱角粉制作的面点柔滑而韧性小，多用于制作凉糕，其质地软滑柔爽。

（二）马铃薯

马铃薯又名土豆、薯仔、洋芋、山药蛋等，其形状有球形、扁圆形、椭圆形、卵形、长筒形等。表皮色分白、黄、红三种，肉色有黄、白两种，主要产于四川、云南、广东、贵州、黑龙江、吉林、辽宁等地。马铃薯质地松化，略带涩、腥味，在中式面点制作中主要经蒸、煮制成泥，制坯，常用于制作薯仔皮、各种饼类点心。

（三）栗子

栗子又名板栗，呈圆形或底部圆整、顶部稍尖，果皮呈红色或深褐色，有光泽，果顶附近有黄色茸毛。栗肉肥厚甘美，清香味甜，营养丰富，淀粉、脂肪、蛋白质含量高，并含有多种维生素。著名品种有天津的良乡板栗，北京市郊的良山板栗，山东的红丰栗、红光栗、油栗，河北的明栗，江苏的处暑红等。另有长江流域和江南各地栽培的珍珠栗，其壳内包藏一卵形坚果。板栗可磨粉或经蒸、煮制成泥，从而制成各种中式面点或作为中式面点的馅料使用。

（四）番薯

番薯又称红薯、红苕、山芋、地瓜、白薯等，它和马铃薯、木薯并称为世界三大薯类。番薯有黄皮红心和红皮白心两类。番薯中含有大量的淀粉，其淀粉质地软糯而口味香甜，是易于人体消化吸收的优质淀粉。番薯在面点制作中的使用方法较多，如制成泥与其他粉料混合，可用于制作各类糕、包、饺、饼等食品，制成干粉可代替面粉制作蛋糕、布丁等点心。

（五）芋头

芋头又称芋艿，有圆形、椭圆形、圆筒形几种，表皮呈黄褐色或黑棕色，内心呈白或奶白中带红丝，淀粉含量较多。芋头按产地分主要有荔浦芋、槟榔芋、红芽芋、白芽芋等，其中以广西荔浦芋为最佳，其次是广州花都炭布的槟榔芋。

芋头由于富含淀粉，质地松软，因此所制作的产品松而带香，深受人们喜爱。芋头在中式面点中主要用于芋角、芋丝饼、芋头糕等的制作。

（六）莲子

莲子在前文中已有讲到，不再赘述。

（七）油脂

植物皮油脂一般选用固态油脂，因植物皮的疏松主要依靠固态油脂与熟淀粉在较低温度下进行结合，然后在高温下油脂溶化使淀粉分离，从而引起植物皮的疏松，并在一定的油温下发生定型。而液态油脂因在常温下为液态，与淀粉结合不紧密，容易从皮料中渗出，起不到疏松分离的作用。

六、节日点心原料的选用

（一）中秋节点心原料的选用

1. 广式月饼

广式月饼又名广东月饼，是我国目前生产规模最大的一类月饼，它起源于广东及周边地区，流行于广东、海南、广西等地，目前已流行于全国各地，并远传至东南亚及欧美各国的华侨聚居地。广式月饼的主要特色是选料上乘、精工细作，饼面上的图案花纹玲珑浮凸，式样新颖，皮薄馅多，滋润柔软，光泽油亮，色泽金黄，口味有咸有甜、有茶有酒，味美香醇，百食不厌。

从饼皮上划分，广式月饼可分为糖浆皮、酥皮和冰皮三大类。其中以糖浆皮月饼为主，因为糖浆皮月饼历史悠久、广为传播，加上皮质柔软滋润，皮色金红，可塑性强，如蓉沙馅的甜月饼、海味类的咸月饼、核果类甜咸兼备的月饼等，且保质期长，这是糖浆皮月饼的一大特色。酥皮月饼和冰皮月饼只有数十年历史。其中酥皮月饼的饼皮色泽金黄，它是吸收西方点心的做法，结合广式月饼的特色创制而成的，主要以蓉沙馅的甜月饼为主，其特点是趁热食用松化甘香，有牛油味，凉冻食用则酥脆可口。冰皮月饼源自香蕉糕的做法，饼皮如玉石般洁白，馅料也多种多样，以水果馅为主，制成后必须放在2℃~5℃的恒温箱内保存。

下面介绍一下广式月饼主要原料的选用。

（1）面粉。

广式月饼主要选用的面粉要求筋度较低，一般以80%的低筋面粉与20%的高筋面粉混合使用；并要求所选用的面粉必须新鲜、洁白、无杂质，使用前必须过筛，使其膨松，以利于面粉与转化糖浆的充分融合，使制作好的月饼回油更快，皮料口感更加柔润。

（2）转化糖浆。

广式月饼最大的优点就是饼皮不会硬，优质的广式月饼即使存放一年以上，饼皮还是保留着柔软的质地，并且也不会发霉，这些均为转化糖浆的功劳。转化糖浆是蔗糖和水在酸和热的作用下水解成葡萄糖与果糖，从而变成比较稳定的状态制得的糖浆。但这种转化是相互的，需要较长时间的放置才能慢慢转化至月饼所要求的转化度。如果熬制转化糖浆时加酸量、温度、浓稠度或时间等因素掌握不好，就会间接地对广式月饼的成品质量造成较大影响。如糖浆浓度不够，也就是煮得太稀或转化不够，就会造成成品底部外泄、型格歪斜、饼身爆裂或皮馅脱壳、回油太慢等不良现象；又如糖浆熬制时加酸量不够，则会导致身硬、回油不良、白糖重新结晶析出，成品出现类似饼皮发霉的现象。下面介绍一下广式月饼转化糖浆的熬制方法与影响因素：

①熬制方法。

转化糖浆配方：白砂糖 5 000 克、清水 5 500 克、柠檬酸 5 克或菠萝块 100 克。

转化糖浆熬制方法：将清水加入锅中烧沸后，加入白糖，搅拌至白糖溶解，然后用慢火煮约 5 分钟后，加入柠檬酸或菠萝块，此时不能再大力搅拌，用慢火将糖浆慢慢熬煮 3~6 小时至浓度在 75%~82% 即可。然后将熬好的糖浆密封放置约 15 天后即可使用。

②影响糖浆转化率的因素。

加入水量：煮糖浆时，加入的水越多，糖浆转化率就越高，但水也不能加太多，因为水太多会使熬煮糖浆的时间过长，浪费大量能源与时间。

煮制时间的长短：这是决定糖浆转化率的主要因素。因为蔗糖的转化反应是一个在缓和的条件下慢慢反应的过程，所以熬制时间不能太短或太长。如果时间太短，糖浆转化率不够，月饼皮硬或回油不良；如果转化时间太长，则浪费时间与能源。一般用熬煮 5~6 小时的转化糖浆制作广式月饼，第二天就回油良好。

加入酸的种类和酸的用量：酸在蔗糖转化作用中主要起催化作用，本身不发生化学反应。加入的酸不同，糖浆转化率也不相同，如盐酸的转化率可达100%，而柠檬酸才 28% 左右，但为了便于控制糖浆的颜色和转化程度，煮制糖浆一般都是用柠檬酸，也可以用鲜菠萝、鲜柠檬等代替。柠檬酸的加入量一般为0.05%~0.1%，但如果要快，如 15 天以后就要使用，就可以增加酸的用量。

（3）枧水。

广式月饼制作时最好不要用纯碱代替枧水，选用质量较好的植物枧水，可以使月饼皮的颜色更加鲜艳，更加有光泽。

（4）油脂。

广式月饼制作用油最好使用花生油，因为花生油香味纯正，无异味，制作出的月饼品质较高。当然也可选用其他油脂，如选用口感香浓的戚风油，既可以增强月饼的口感，又可以改善月饼的表皮色泽，使其更加金黄鲜艳。

（5）广式月饼的馅料。

广式月饼最大的特点就是皮薄馅多，馅料的质量决定了月饼的口感及质量的好坏，广式月饼常用馅料一般有以下几种：

①蓉沙馅。主要指红、白莲蓉馅，豆沙馅，板栗馅等。在选择此类馅料时，

要挑选色泽光亮油润、软硬适中、纯滑无颗粒状物质、口味纯正、香甜可口的。如果要自己加工莲蓉馅料，则要选择湘莲，因为湘莲涨发性能强，颗粒圆肥饱满，制作出的莲蓉馅口味纯正、细滑纯香。

②水果馅。又称果酱馅，如凤梨馅、苹果馅、哈密瓜馅等，是选用纯正的水果加工而成的。其质地与蓉沙馅相比较硬，口感清甜，有水果特有的香味。不过目前市场上所出售的水果馅有一些是采用冬瓜加工而成的。

③五仁馅。五仁是采用核桃仁、瓜子仁、芝麻仁、榄仁和杏仁作为基本原料，再添加糕粉和糖类等辅料制作而成的，五仁的质量好坏是决定五仁馅质量的主要因素，所以在购买五仁时要注意质量问题，如是否有霉变、生虫等。另外需要注意的是，花生仁不能用于仁馅制作，因为花生仁易吸水受潮而使馅料的口味变差。

④肉及肉制品馅。主要是指在仁馅的基础上加入火腿、叉烧、烧鸡、烧鸭、烧鹅等配制而成的馅料。

当然，根据目前人们对月饼消费要求的不同，还出现了各式各样新潮的月饼，馅料也五花八门，如鲍鱼、海参、螺旋藻、燕窝、茶叶、人参等。

2. 苏式月饼

苏式月饼是具有浓郁江浙风味的传统特色月饼品种。其主要特点是皮层酥松、色泽美观、馅料肥而不腻、口感酥松。苏式月饼分甜、咸或烤、烙两类。甜月饼的制作工艺以烤为主，有玫瑰、百果、椒盐、豆沙等品种；咸月饼以烙为主，品种有火腿猪油、香葱猪油、鲜肉、虾仁等。其中清水玫瑰、精制百果、白麻椒盐、夹沙猪油是苏式月饼中的精品。

苏式月饼选用原辅材料比较讲究，富有地方特色。甜月饼馅料用玫瑰花、桂花、核桃仁、瓜子仁、松子仁、芝麻仁等配制而成，咸月饼馅料主要以火腿、猪腿肉、虾仁、猪油、葱等配制而成。月饼皮料以面粉、白糖、饴糖、油脂等调制而成。

（二）端午节点心原料的选用

端午节吃粽子是我国的传统习俗。粽子又叫角黍、筒粽，其由来已久，花样繁多。从馅料看，北方多包小枣如北京枣粽；南方则有豆沙、鲜肉、火腿、蛋黄等多种馅料，其中以浙江嘉兴粽子为代表。千百年来，吃粽子的风俗在中国盛行不衰，而且流传到了朝鲜、日本及东南亚诸国。

1. 粽子主要制作原料的选用

（1）糯米。糯米又称江米，通常有大糯、小糯之分，大糯是指其品质黏性很大，米粒肥壮；小糯是指其品质黏度较小，米粒略小。糯米是制作粽子的主要原料。

（2）绿豆。绿豆又名青小豆，因其颜色青绿而得名，在我国已有2000余年的栽培史，作为粮食作物在各地都有种植。绿豆性味甘凉，有清热解毒之功，在粽子制作中有调节口味与增加粽子营养保健的功效。

2. 粽子的分类

端午节粽子按制作方法大致可分为南、北两类风味。

（1）北方粽子。

北京粽子是北方粽子的代表品种，北京粽子个头较大，为斜四角形或三角形。目前市场上供应的大多数是糯米粽，农村也有吃大黄米粽的习俗。北京粽子黏韧而清香，别具风味，多以红枣、豆沙作馅，少数采用果脯为馅。

（2）南方粽子。

广东粽子是南方粽子的代表品种，广东粽子与北京粽子相反，个头较小，外形别致，正面方形，后面隆起一只尖角，状如锥子。品种较多，除鲜肉粽、豆沙粽外，还有用咸蛋黄做成的蛋黄粽，以及鸡肉丁、鸭肉丁、叉烧肉、烧鸡、烧鸭、冬菇、绿豆等调配为馅的什锦粽，风味更为丰富。

（三）元宵节点心原料的选用

元宵节又称上元节、元夜、灯节，元宵佳节吃元宵是我国的传统习俗。元宵也称汤圆、汤团、圆子，取月圆人团圆之意，象征全家人团团圆圆，和睦幸福，人们也以此怀念离别的亲人，寄托对未来生活的美好愿望。

1. 元宵制作原料的选用

元宵制作的原料主要有糯米粉、白糖、油脂等，而油脂大多选用的是猪油。元宵的馅料有麻蓉、枣泥、五仁、叉烧、红豆等，不一而足。

2. 元宵的分类

元宵的分类方法很多，如按馅可分为有馅和无馅两种，有馅元宵又有咸、甜、荤、素之分；按制作方法分，有手中搓制、元宵机制和竹匾水滚等多种；按粉制区别，则有糯米面元宵、高粱米面元宵等。全国各地都有不少驰名的风味元宵，下面介绍一些最负盛名的元宵种类：

（1）成都赖汤圆。

20 世纪初，四川简阳人赖源鑫到成都挑担卖汤圆，因其汤圆质好、味美，人们称作"赖汤圆"。该汤圆选用上等的糯米粉加水揉匀，包上用芝麻、白糖、化猪油配制的馅心。该汤圆的特点是香甜滑润、肥而不腻、糯而不黏。

（2）四川心肺汤圆。

这是四川彭水的风味小吃，以糯米粉制皮，将豆腐干、冬菜切碎，用猪油炒后制馅，同时配上卤煮的猪心、猪肺及多种调味料制成。食用时调以葱花、蒜末、花椒粉、辣椒等，鲜香可口。

（3）长沙姐妹汤圆。

这是长沙一家餐馆的著名风味小吃，已有 60 多年历史，由于早年经营这款食品的是姜氏两姐妹，故得此名。其制法是以糯米、大米磨浆，取粉制皮，用枣泥、白糖、桂花作馅。其色泽雪白、晶莹光亮、小巧玲珑、香甜味美。

（4）上海擂沙汤圆。

这是上海著名小吃，已有 70 多年历史。以大红袍赤豆煮熟磨细，将带馅汤圆煮熟，外滚豆沙而成，其特点是形美色艳、豆香宜人。

（5）宁波猪油汤圆。

这种汤圆以精白水磨糯米粉为皮，以猪油、白糖、黑芝麻粉为馅，皮薄而滑，白如羊脂，油光发亮。

（6）苏州五色汤圆。

这种汤圆在苏州吴门米粉店有出售，以糯、粳米粉镶配，包以由鲜肉、玫瑰猪油、豆沙、芝麻、桂花猪油五种材料配制的馅心。该汤圆甜咸皆备，为脍炙人口的江南风味。

（7）山东芝麻枣泥汤圆。

这种汤圆的做法是先将大红枣煮熟去核搓泥，猪板油去膜用刀拍碎，两者加白细砂糖搓成馅心，和水磨糯米粉做成小汤圆，芝麻炒熟和白细砂糖研成细末制成炒面，将煮熟的小汤圆在炒面中滚一圈即可。吃时油润绵软。

（8）广东四式汤圆。

这种汤圆的做法是先将绿豆、红豆、糖冬瓜、芋头分别煮熟或蒸熟，去皮，分别加入白糖、芝麻、熟猪油等调味品制成四种甜馅料，将汤圆皮分别包入四种不同的馅心，做上记号。将四种汤圆放入加糖的水中煮熟，每碗装不同馅料的汤圆各一个。特点是软滑细腻，四种味道各异。

此外，北京的奶油元宵、天津的蜜馅元宵、上海的酒酿汤圆和乔家栅鲜汤圆、重庆的山城小汤圆、泉州的八味汤圆、广西的龙眼汤圆、安庆的韦安港汤圆、台湾的菜肉汤圆等，也都是驰名南北的风味元宵。

想一想

1. 糖类在发酵类产品中的作用有哪些？
2. 影响酵母生长繁殖的因素有哪些？
3. 广式月饼的分类有哪些？
4. 对广式月饼原材料的选用应注意哪些问题？

模块三

粤式点心生产的设备与工具

项目 6
粤式点心生产的设备与工具介绍

学习目标

1. 了解粤式点心生产中常用的设备与工具。

2. 熟悉粤式点心生产中常用的设备与工具的性能。

3. 学会使用粤式点心生产中常用的设备与工具。

一、烘炉

在点心制作中,烘炉为主要的加热工具,特别是在西点制作过程中,烘炉显得尤为重要。常见的烘炉有远红外烘炉、燃气烘炉和微波炉等。

(一)远红外烘炉

远红外烘炉是利用远红外线辐射加热的一种烤炉。此类烤炉具有加热速度快、生产效率高、烘焙时间短、节电省能的优点,是目前国内使用最广泛的一类烤炉。远红外烘炉可分为以下三种:隧道式烤炉、旋转式烤炉和箱柜式烤炉。

1. 隧道式烤炉

隧道式烤炉包括钢带隧道式烤炉、网带隧道式烤炉、烤盘链条隧道式烤炉和手推烤盘隧道式烤炉等。前三种隧道式烤炉分别是以钢带、网带、链条来传送点心,一般均采用机械化操作,生产效率高,适用于大型生产量的食品企业使用。而手推烤盘隧道式烤炉采用无机械传动装置,烤盘入炉及其在炉内运动主要是依靠人力的推动,其炉体较短,结构简单,适用于较小型生产量的食品企业。隧道式烤炉最大的优点是温度可以分段控制,在烘烤点心时对点心成品在加温中的影响较小;缺点是耗电量及耗能大,不能被广泛使用。

2. 旋转式烤炉

旋转式烤炉有两种旋转运动形式，一种是吊篮风车式，另一种是架子式。后者是将点心装在一个架子车上面，直接推入烤炉中挂在烤炉顶部的旋转挂钩上，边旋转、边烘焙。旋转式烤炉的最大优点是炉内各部位温差小，烘焙均匀，生产能力大；缺点是耗电量大，手工装卸产品时的劳动强度大。此类烤炉适合中小型的点心厂使用。

3. 箱柜式烤炉

此类烤炉一般分为三层九盘式、三层六盘式、两层四盘式等形式。此类烤炉节电节能，烘烤速度快，并且操作简单，易于控制，为目前我国小型饼屋、酒店及宾馆所普及运用的一类烤炉。

（二）燃气烘炉

燃气烘炉是以液化气为燃料的一种烘烤加温装置，它一般采用比较先进的液晶电子仪表控温，炉内设计有隔层式的运气通道、常闭自动电磁阀、防泄露的点火及报警装置。此类烤炉首先解决了用电热式烤炉需要三相电的烦恼，且节能节电，降低点心的制作成本，使用非常方便。所以，此类烤炉将可能成为今后烘烤食品的首选加热设备。

（三）微波炉

微波炉是利用炉内的一个磁控管产生一种类似于光波（无线电波）的能量，从而使食物内部的分子来回剧烈运动，进而在食物内部产生大量热量，使食物迅速受热膨胀并成熟，达到烘烤加温的目的。微波炉加热的优点是加温时间短，穿透力强，食品在加温中能达到内外一起熟等。但由于微波不产生辐射，所以用微波加温成熟的点心不能产生我们所要求的金黄的颜色，因而微波炉在点心制作中使用较少。

二、发酵箱

发酵箱是针对酵母疏松类点心专门设计的。大型的点心制作企业一般采用自制的发酵温室来进行点心的发酵，而对于生产量较小的饼屋或酒店点心部来说，发酵箱是必备的设备。此设备具有自动调节温度和湿度的功能，在制作酵母类疏松点心时可以很方便地控制酵母的生长繁殖。

三、搅拌机

搅拌机在点心制作中应用非常广泛，它利用电机的高速转动来带动搅拌工具达到目的。目前市场上所售的搅拌机一般为多功能搅拌机，即集搅拌、和面、打蛋等功能于一体，均设有高速、中速、慢速等转速档，以方便在搅拌过程中根据不同点心制作中的不同要求进行适当的调节，在使用中节约了大量的人力。一般在点心制作中用于搅拌面团、鸡蛋、肉类馅料等。

四、蒸煮炉

蒸煮炉是以水为传热介质，利用沸水或蒸汽将点心加温至熟的一种加温设备，燃料一般有煤炭、煤油、液化气、电等。目前市场所出售的蒸煮炉均有比较全面的辅助工具，如鼓风机、进燃料管道、控制阀门、防水排水设施、炉盘等。在点心制作中可以根据不同的点心制作需求适当调节加温所需火力（如通过调节进油阀门和风力大小可以调节火力的大小等），所以使用起来非常方便。

五、案板

案板是点心制作的必要设备，主要用来搓皮，是包制各式点心所用的平台。一般选用经水浸透的松木。

六、炒炉

现时多用燃气炒炉，主要是用于炒制馅料、推芡、炸制各式点心。使用时应注意安全，掌握其性能，宜先点火后放气，以火焰颜色呈白黄色为佳。

七、肠粉炉

肠粉炉有柜式和布拉式两种，以布拉式拉制出的肠粉为佳，柜式也可，但效果不够前者好，只是使用较方便、易操作。在使用时必须将炉具洗干净，检查水位；在使用中要适时加水。

八、和面机

和面机主要用于搓制筋度较大的面团，如面包之类的皮料，使用时应先洗干净后再投放材料。

九、压面机

压面机分为快速和慢速两种。压面机的主要作用是将搓出的面团反复压制，使之变得更加纯滑，但操作时必须注意安全，手不宜和滑轮太接近，防止意外发生。

十、蒸炉

蒸炉分锅炉式和燃油式两种。锅炉式是利用酒店内自有锅炉，只需按品种所需火候调节蒸汽的大小来蒸制东西；而燃油式就要求将水烧沸后才可放置半成品进行蒸制，并需要不定时加水。

十一、搅肉机

搅肉机是拌馅时常用的设备。主要用于将肉类或植物类原料搅烂，在使用时须清洗干净。要求先将肉类或植物类原料切成小块逐量放入，忌放有骨头或有筋性、较硬的原料。用完之后应马上清洗，否则时间一长，肉类或植物类原料变硬，难以清洗。

十二、磨浆机

磨浆机用于磨米成浆，此机也需用完之后立即清洗。

十三、开酥机

开酥机是近年来较为先进的开酥设备，在使用时只需将油皮放入，调成适当的厚薄，开启开关即可，既方便又快捷，免去了较为复杂的槌制过程。使用前后都要求做好清洁工作。

想一想

1. 常见的远红外烤炉有哪几种？
2. 多功能搅拌机一般有几个搅拌器？各有什么用途？
3. 举例说明粤式点心厨房必备的设备与工具。

项目 7
主要机械设备的安全操作规程及维护与保养

学习目标

1. 了解粤式点心生产中常用设备的维护与保养常识。

2. 掌握粤式点心生产中常用设备的维护与保养方法。

3. 能够对粤式点心生产中的常用设备进行维护与保养。

一、主要机械设备的安全操作规程

（一）蒸汽型蒸煮炉的安全操作规程

（1）使用前先将面点半成品放于蒸煮炉上面，盖好笼盖。

（2）打开蒸汽阀门使蒸汽进入炉内蒸制。

（3）蒸制结束后，关闭蒸汽阀门，打开蒸笼取出面点成品。

（4）禁止先开蒸汽阀门而后放面点半成品。

（二）燃料型蒸煮炉的安全操作规程

1. 柴油蒸煮炉的安全操作规程

（1）开炉。

先打开鼓风机的电源开关，看电源是否接通，然后将鼓风机的电源开关关闭。打开总控油阀，之后打开分控油阀，放出少许油后，关闭分控油阀，用火点燃后渐次加油、加风至火焰稳定。

（2）关炉。

首先关闭总控油阀，其次关闭分控油阀，等至无火苗后，关闭鼓风机电源开关，最后关闭总电源开关。

（3）突发事件处理。

①若在使用过程中出现停电的情况，应首先把分控油阀关闭，再关闭鼓风机，待恢复供电后，按开炉操作规程开炉。

②若在使用过程中出现锅内水沸出将火熄灭的情况，应首先把分控油阀关闭，再关闭鼓风机，然后重新开炉。

2. 液化气蒸煮炉的安全操作规程

（1）开炉。

先打开鼓风机的电源开关，看电源是否接通，然后将鼓风机电源开关关闭。打开控气总阀门，先用火点燃少许纸屑放入炉膛，打开控气分阀门，然后打开鼓风机电源开关，逐渐加大液化气量，加风至火焰稳定。

（2）关炉。

首先关闭控气总阀门，其次关闭控气分阀门，然后关闭鼓风机电源开关，最后关闭总电源开关。

（3）突发事件处理。

①若在使用过程中出现停电的情况，应首先把控气分阀门关闭，再关闭风机，待恢复供电后，按开炉操作规程开炉。

②若在使用过程中出现锅内水沸出将火熄灭的情况，应首先把控气分阀门关闭，再关闭鼓风机，然后重新开炉。

（三）远红外烘炉的安全操作规程

（1）首先接通烤炉的电源开关，此时各层的电源指示灯亮，在需要工作的那一层，根据需要分别设定上火、下火控温仪的数值。

（2）当烤炉内的温度达到预定温度时开始恒温，这时可以开始烘烤食品。

（3）烘烤面点制品时根据经验可以预先调定电子定时器时间，烘烤开始时，接通定时器开关，烘烤设定时间完成后，定时器会自动呼叫，提醒出炉。

（4）在烘烤过程中，要根据实际情况调节手动排气装置。若要观察炉内情况，可按下"照明"开关，此时炉内照明灯亮，可通过炉门检视窗进行观察。

（5）烘烤结束，先将烘炉各层的上火、下火功率选择开关置于"停"，然后切断烘炉总开关和蒸汽发生器总开关。

（6）使用过程中，禁止大力开关烤炉门，取出加温过的面点制品时，要用专用防火手套，或用几层半湿厚布垫手拿取烤盘，并且在刚从烤炉内取出的热盘边放上警示标志，防止其他人员不慎烫伤。

（四）压面机的安全操作规程

（1）压面机使用前应检查三相 380V 电源连接是否正确、牢固。检查方法是合上开关，滚筒按规定方向滚动为正确，否则应改变电源线的接法，机器应有良好可靠的接地。

（2）使用中，只能在两滚筒上方料斗内放入面团，在下方接住被压过的面团，对折后再放进去，多次滚压。

（3）压面机开动过程中手不准伸进防护栏，严禁拆除防护栏，以免发生伤人事故。

（4）停机后必须切断电源。

（5）经常检查机器运转是否正常，注意保养和维修。

（6）机器应进行定期清洗，保持良好的卫生状态。

（五）搅拌机的安全操作规程

（1）先检查搅拌机的开关是否打开，在确保安全的情况下再通电源。

（2）正确使用各类搅拌机并熟知机器搅拌的最大容量。

（3）在操作过程中，一台搅拌机只能由一个人操作，切勿在操作过程中将手或其他杂物放入搅拌桶内，在确保安全的情况下方可打开电源开关。

（4）操作完毕要关掉电源，把机器清洗干净。

（5）定期对机器进行保养。

二、主要机械设备的维护与保养

（1）机械设备在使用过程中应严格遵循说明书的操作要求，勿使设备超负荷工作，同时尽量避免设备长时间连续运转，以延长设备的使用寿命。

（2）机械设备至少要一年保养一次，对主要部件如电机、转动装置等要定期拆卸检查。

（3）电机要安装防尘罩。

（4）机械设备的外表也要像其他设备一样始终保持清洁，对在操作过程中遗留在机械表面的污垢应及时处理干净，可用肥皂水或弱枧水擦洗，但勿用钝器以及其他锐利的器具铲刮，避免表面留下痕迹。

（5）定期清洗电冰箱（库、柜）的内部及外表。

（6）冰箱内的任何溢出物或堆积的食品颗粒只要一出现就应立即清理干净，以减少冰箱的制冷负荷，并防止其与冰箱部件摩擦。

（7）可用清水或小苏打水与温水混合成溶液来清洗冰箱内壁，并擦拭干净。可拆卸的部件应拿出来冲洗干净并晾干。外表应用温水清洁，必要时可用弱碱性肥皂水擦洗后再擦干，并可涂一层抛光蜡，使冰箱外表保持清洁。

（8）在对电冰箱（库）进行除霜处理时，应把存放的食物全部拿出，关掉电源，使其自动除霜。为缩短除霜时间，还可以用塑料刮霜刀将元件上的结霜刮除。切忌使用锐利的工具刮铲冰箱，更不能在结霜的部位用刀敲击，以免电冰箱部件损坏。此外，不能用热水冲刷冰箱，以免冷冻管爆裂，损坏制冷设备。

（9）电冰箱长期放置不用时，应把全部食物取出，内外洗净、擦干，关掉电源，拔出插头，晾干后封好。

（10）烤炉（箱）应尽量避免在高温档下连续使用。

（11）烤炉使用完后应立即关掉电源或阀门。

（12）烤炉在使用前预热的时间不宜过长，只要达到所需要的烘烤温度，就应立即放入待烘烤的食物，干加热对烤炉的损害是最大的。

（13）烤炉不宜用水清洗，可以干擦，以防触电。最好用烤炉清洁剂擦洗，但对烤炉内衬有铝的材料不能用烤炉清洁剂或氨清洗。

（14）烤炉工具在使用后要立即移离烤炉，并浸于清水中冲洗干净，然后擦干。

（15）烤炉外壁要经常护理，可用洗涤剂或弱枧水洗涤，以保持外表整洁美观。切忌用锐器铲刮。

（16）新的烤箱在使用前，务必阅读使用说明书，以免发生错误操作导致损坏。

想一想

1. 您认为设备的维护与保养对生产的效益有无影响？

2. 对粤式点心常用的设备与工具应如何进行维护与保养？

模块四

粤式点心熟制方法与疏松原理

项目 8
粤式点心的熟制方法

学习目标

1. 了解粤式点心生产中常用的熟制方法。
2. 掌握粤式点心生产中常用的熟制方法。
3. 能够运用常用的熟制方法制作简单的粤式点心。

一、粤式点心的熟制原理

面点成熟的热能运用，主要是通过加热的温度和加热的时间两个方面同时进行的。所谓加热的温度，是指加热时产生的热能的强度。热能的传递方式主要有传导、对流和辐射三种。有效、能动地控制好加热过程中各种不同传热介质所传导的温度，是保证点心成熟质量的关键。

（一）水导热

水导热是指食物的主要成熟过程以水作为传热介质的加热方法。水是最常用的传热介质，水受热后，其温度很快升高，通过对流作用将热传递给食物。水的沸点是 100℃，如果将盛水容器密闭从而使锅内的压力增加，水的沸点会增加至 102℃，这样，压力锅中的食物成熟速度会明显提高，从而节约了热能。

（二）油导热

油导热是指以食用油脂为传热介质来加热原料的加热方法，油通过对流方式将热能传递给食物。首先，一般而言，水的最高温度只能达到 100℃，而油脂达到燃点前的温度可为 300℃。因此，用油作介质导热，面点制品可以很快成熟。其次，由于油脂的渗透力强，油能进入面点制品内部。在适当油温下炸制面点时，油进入制品内部的同时，把其所蓄的热力传递到了制品内部。油温高还能使制品中的水分达到沸点而汽化，使制品酥、脆。最后，油可以增加面点的原有风味。在用油熟制面点时，油能包围面点使其迅速成熟，用油熟制（如炒、炸等）后，制品的风味有所增加，达到形美、色好、味香的质量标准。

（三）汽导热

汽导热是以蒸汽作为传热介质来加热食物的一种方法。蒸汽是达到沸点而汽化的水，将蒸汽作为传热介质是许多菜肴的烹调方法。在常压下，蒸汽的温度为100℃。而压力蒸箱的蒸汽温度常常高于100℃，其烹调速度远远超过常规蒸箱，因而节约了热能。

（四）热空气导热

热空气导热（如烤）主要是辐射传热，不需要固体接触，也不需要固体之间的液体接触。在辐射传热中，传热过程不需要传热介质，而是通过电磁波、光波等形式进行。因此，物体的表面热反射和吸收性能十分重要。也正因如此，供热物体或热源与受热物体的相对尺寸和形状，以及相互之间的距离和温度等因素都是很重要的。

（五）金属导热

金属导热是指以金属容器作为传热介质的加热方法，热传导的本质是分子通过振荡碰撞将热量由高温物体传递给低温物体，或由物体的高温部分传递给低温部分的过程。在加热过程中，热源将热量传递给炒锅等容器，炒锅再将热量传送至食物，使食物成熟，如烙。

二、粤式点心的熟制方法

在中式面点制作工艺中，熟制一般是最后一道工序，它关系到成品的生熟与否、定型的好坏、色泽的深浅等，这就是所谓的"三分制作，七分加温"的道理所在。熟制的方法很多，但粤式点心最常用的熟制方法是蒸、煎、炸、烤、煮、焓、炖、炒、煲、焙、烙、烧等。

（一）蒸

蒸就是将面点的半成品放于蒸笼内，利用水蒸气在蒸笼内的传导、对流将半成品加温至熟的一种方法。根据面点对加温要求的不同可分为猛火蒸、中火蒸、慢火蒸，但在实际操作中，经常会遇到加温时先猛火后慢火的情况，也有个别品种在蒸时还要不断地松开笼盖排去部分蒸气。如叉烧包的蒸制必须用猛火，否则达不到疏松、爆口的要求；而马蹄糕则需要用中火蒸制，否则会导致表面起泡、不细腻、组织结构不严密等；又如炖布丁，应先用中火再用慢火，并且要松笼盖，这样才能使成品香滑，色泽鲜明滋润，没有皱纹，否则会表面起洞，粗而不滑或坠底。

（二）煎

煎就是先放少量的油，再将中式面点半成品放入锅内，利用金属传导的原理，以沸油为媒介，将面点半成品加温至熟的一种熟制方式。一般分为生煎、熟煎、半煎炸、锅贴四种煎制方法。

（1）生煎。生煎就是将面点半成品放入煎锅内，煎至两面呈金黄色后，向锅内加少许水并加盖，利用锅内的水蒸气将面点半成品加温至熟的煎制方法。

（2）熟煎。熟煎就是将面点先蒸熟或煮熟，然后再放入煎锅内，将其煎至两面色泽金黄的一种煎制方法。

（3）半煎炸。半煎炸就是先将面点半成品放入煎锅内，先煎至两面呈金黄色后，再向锅内倒入高度为点心半成品一半的油，煎炸至皮脆的煎制方法。此方法一般适用于一些体形较大、利用生煎法较难煎熟的面点制品，如薄饼、棋子饼等。

（4）锅贴。锅贴同生煎相差不大，不同之处是先将面点半成品煎至一面呈金黄色后，即可加水加盖，再煎至产品至熟，产品特点是一面香中带脆，一面柔软嫩滑。

（三）炸

炸就是利用液态油脂受热后会升高温度、产生热量使面点半成品受热成熟的一种熟制方法。中式面点中有许多制品是用油炸加温制作出来的，但油炸加温又是几种加温方法中最难控制的一种。因为炸制面点不仅要严格掌握火候、油温、时间等因素，而且还要根据面点制品用料、制作方法、质量要求的不同等而灵活使用油炸技术。在炸制过程中，如所使用的油温过高，会使点心成品表面很快变焦而内部不熟；如油温过低，则面点成品吸油过多，成品容易散碎，色泽不良。要想良好运用油炸技术，首先必须掌握好油烧热后油温的变化。油温的变化在面点行业内一般用直观鉴别的方法进行：

（1）油在锅内受热后，开始微微滚动，同时发出轻微的"吱吱"声，即为油脂内水分开始挥发的现象，此时的油温为100℃~120℃。

（2）随着油温继续升高，油的滚动幅度由小到大，声音慢慢消失，这时油脂内水分基本挥发完毕，此时油温为150℃~160℃。

（3）当烧至油面上有白烟冒起时，可以判定此时油温为200℃。

（4）当油的滚动逐渐停止并且油面有青烟冒起时，可以判定此时油温为270℃，再继续升温的话油就会燃烧。

（四）烤

烤就是利用烤炉内的热源，通过传导、辐射、对流三种作用将面点半成品加温至熟的一种熟制方法。烤炉内的加温与其他加温方法不同，烤炉内一般有上下两个火源同时加热，使点心同时受热。而一般面点半成品入烤炉后均放于下火上，所以在调节烤炉炉温时一般是上火比下火高20℃左右。

烤制技术在面点制作中也是经常用到的一种熟制技术，许多中式面点制品均需要用烤制的方法加温，并且需要在加温中根据型格大小不同、材料不同、制作工艺不同等选择不同的炉温。有些还需要在烤制过程中不断地变换炉温。如在烤核桃酥时，必须先用上火160℃、下火150℃烤至成品成为饼状时，才升至上火180℃使其定型、变脆，若入炉温度太高，则马上定型，成品不能成为饼状；若入炉温度太低，就会造成泄油而无法成形。这就是烤制加温控制的重要性所在。

（五）煮

煮就是利用沸水将面点半成品熟制的一种加温方法，煮制面点制品时必须在水沸后下锅，并且有些要用猛火煮制，有些要用慢火煮制，还有些要先猛火后慢火，也有部分要先慢火后猛火，并采取一些措施（如在适当的时候搅动半成品），否则会造成面点半成品坠底、变形等现象。如煮水饺必须用猛火，并且在打开盖子的时候要向锅内加凉水，这在面点行业内叫"点水"，以使皮料收缩变爽而不易烂。而在煮牛肉丸时必须采用慢火，以保证牛肉丸的爽口等。

（六）焓

焓是点心较重要的加温方法，除人们最熟悉的裹蒸粽外，西点的布丁、时兴的凤爪，都是用焓的方法加温。焓要注意的是沸水投料，水锅底要垫底，不要让成品直接接触容器的底部。以裹蒸粽为例，不管是鲜肉粽、甜粽，都不能用同一火候加温至熟，要根据品种的大小、使用的原料选择火候。一般常见的品种，焓时明火 3 小时以上，然后再收去明火焗 1 小时，让水温充分渗透，否则达不到豆香肉化的效果。经过焗的裹蒸粽，甜的不"生骨"，咸的肉溶化。焓裹蒸粽的过程中，不能加冷水，更不能中途移动，否则会令绳子脱落，粽叶散开。

再如凤爪，用猛火炸好后，经过漂水，去掉部分油脂，加入香料（丁香、玉桂、花椒、八角、草果等）和适量开水，然后焓 30 分钟以上，等香料和肉料互相渗透，达到骨离的状态，才捞起滤去水分，用调味料、酱汁调味，再蒸。如果没有焓的过程，凤爪是达不到口味要求的。

（七）炖

过去简略地把炖和蒸的含义混为一谈，其实在点心制作中炖和蒸是不同的，不是蒸用猛火、炖用中火这么简单。关于炖，最贴切的说法是：不管是炖布丁、双皮奶还是炖蛋，都要先旺火后阴火。所谓先旺火即让成品表面经受热迅速糊化，形成固定的皮层，接着用阴火（即炉内仅有的余温）使热量逐渐渗到中间，达到表里嫩滑的效果。以碗计，一般 200 克分量的点心制品，前 1 分钟用旺火，再用阴火炖 4~5 分钟，这样便能使成品表面光亮如镜。先旺火后阴火对成品的作用在于：使表面形成张力，成品饱满有光泽，冷却后也不会下塌。具体使用时要视成品的体积而定，过早收阴火会下坠，过迟收阴火会起气孔而老化，掌握要领非常关键。还要注意的是，炖水分充足的品种时，在加温过程中容器不能被水所移动，如果半成品在加温时受到震动，会导致淀粉不断下沉，难以定型，使成品上稀下稠。

（八）炒

用炒的方法来加温的品种也有很多，过去没有把炒作为点心独立的加温方法，而现时较流行的熟馅均经过炒或煮。除炒熟馅外，还有炒银针粉、炒面、炒年糕等，均经点心师通过炒的加温方式使点心达到从冷到热、从生到熟的效果。炒的主要特点如下：一是要求不管是切丁、丝还是切粒、片，同一种类均要大小、厚薄一致，否则会受热不均；二是要急火快炒，关键是把锅烧热去腥气，放油，锅热油冷，下料进行急火快炒，出来的效果会非常鲜明松散。特别是需要过油的馅料，要严格记住口诀；三是把锅烧到最热，放最嫩的油，快捷地把需泡油的肉类或虾类等物料投下锅。由于锅较红、油较嫩，原料投入后，用铲一推便可把原料推散，短时间内不断受热，馅料已成熟一部分，油还比较明净，从而使肉类或海产品达到经泡油后显得嫩滑的效果。如果在泡油时没有把锅洗干净烧去腥气，或用炸过的滚油泡油，放入物料后就会坠沉、过火，使原料呈饭焦状，不但达不到嫩滑效果，还会适得其反，失去了炒和泡油的意义。作为点心的加温方式之一，炒是不可缺少的。

（九）煲

煲的做法最常见的是煲粥，这是很多酒店点心部的一个主要工作。煲也是点心制作中一个重要的加温环节，点心加热，不能缺少煲。粥是一个总称，其品种多样，有肉粥、甜粥、白粥。煲粥首先要注意选米，其次是注意水和米的比例。一般而言，米和水的比例是 1∶18 或 1∶20。只有水分较充足，粥才能在长时间的明火煲制中达到香浓的效果。煲粥时，没有明火，粥便没有特色和生命力，明火要保持 2 小时以上，其中 1 小时为"抛大浪"的火候，米开始糜烂时收中火，粥才能达到香、浓、溶、化的效果。特别是白粥和肉粥，要用适量的油脂，一般是米量的 10%~30%。不管用什么容器，都要注意煲的程序和火候，这是点心制作中不可缺少、独树一帜的加温方法。

（十）焙

人们往往把焙与烘烤混为一谈，其实两者大有区别。焙的前提是选用的原料要全熟，在点心加温中，常见用焙的方法成形的主要是饼类，如白糖饼、炒米饼、杏仁饼、薏米饼。例如制作杏仁饼的原料绿豆粉、杏仁都是经烘后成粉，已是熟料，与烘有很大区别。焙是把原来已分散的物体压成饼团，即把油脂、糖、熟粉等混在一起，加入适当水分，初步压成团状，大批放入焙房中，焙房的温度控制在 50℃~60℃。作用是把饼中的水分蒸发一部分，令原来松散的物料成形。如白糖饼、杏仁饼咬时觉得硬，其实吃时口感非常松化，这种效果是不能用烘烤来达到的。现在，澳门地区在制作杏仁饼时依然宣传用"炭焙"方法，除能令水分蒸发外，还能令饼身留有炭香味。

所以焙和烘烤是完全不同的加温方式，当然现代的做法多是用烤炉进行焙制，效果相差很远。焙最好要有炭房，将大量的成品放入，炭烧尽时，饼的水分刚好挥发完，饼身的硬度非常合适，最后出焙房进行包装。

（十一）烙

烙是指把食物放在烧热的器物上焙熟，其本义是用高温的金属烧灼，在点心中则是指把面食放在烧热的铛或锅上加热使之熟。例如烙饼（葱油饼、大饼、玉米饼）、烙锅贴等。

（十二）烧

烧在点心制作中较少使用。如忌廉批、梳乎厘，现在多是用明火喷枪来喷烧表面，达到表面着色、浓郁焦香的效果，梳乎厘的蛋白就是经过这样的处理得到的。又如北方的许多点心品种已经被引入南方，烧饼是其中一种。烧饼是面团通过明火直接加温制成的。烧与烤有什么不同？烧的成品除松、酥、脆化外，还有焦香的风味。在点心制作中，烧的品种虽不多，但烧也有作用。现在点心部使用的晒炉、照炉，就是不要底火只要面火的一种加温工具，这些照、烧的方式都有着异曲同工的效果。近来流行的"串烧"，也是点心部门的工作。"串烧"即用蔬果、玉米、薯类等加上腌好的肉类串一起，用明火烧，令品种由生至熟，达到焦香效果，在加温过程中还可涂上麦芽糖或蜂蜜，以达到外焦香、内和味、汁液佳的效果。

想一想

1. 粤式点心常用的熟制方法有哪些？

2. 举例说明炸的熟制方法在粤式点心制作中的应用。

3. 熟制加温时应注意哪些安全常识？

项目 9
粤式点心的疏松原理

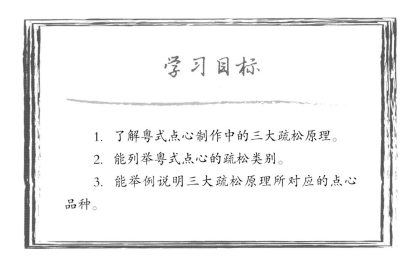

学习目标

1. 了解粤式点心制作中的三大疏松原理。
2. 能列举粤式点心的疏松类别。
3. 能举例说明三大疏松原理所对应的点心品种。

在点心制作中，不仅要求点心有较好的色、香、味、形，还要求其组织松软，而这种松软感是由于点心在制作中有大量气体充入而使点心膨胀，这种膨胀使点心达到了较大的体积，并使其内部组织细腻而松软，易于咀嚼及分解，从而获得更完美的风味。点心的这个膨胀过程即为点心的疏松。点心的疏松按气体的来源可分为微生物疏松、化学疏松、物理疏松三种。

一、微生物疏松

微生物疏松主要是利用酵母菌在点心面团中经过繁殖、发酵产生的二氧化碳气体，使点心的体积增大。微生物疏松具体包括酵母发酵及种类发酵。

（一）酵母发酵原理

酵母是一种微生物，包括干性酵母和鲜酵母，在有氧和无氧的条件下都能存活。在面团中有养分和水的情况下，酵母进行旺盛的呼吸作用。随着时间的延长，在面团内产生很多二氧化碳气体，而面团的面筋网将气体裹住使之不能溢出，从而使面团内部形成蜂窝组织，再经受热，面团中的淀粉糊化，气体受热膨胀，蜂窝组织更大，从而使成品松软。

（二）种类发酵原理

种类发酵是指面种和糕种之类的发酵，它们都是在粉和水接触后，在氧气及温度的参与下，粉中的酶分解、发酵，形成一种多气孔组织的蜂窝状物体。

（三）影响因素

酵母和种类发酵都受一定的条件影响。

1. 温度的影响

温度是影响酵母菌繁殖的主要条件，酵母菌在面团发酵过程中最适宜的温度为25℃~28℃，在0℃时便会停止繁殖，在温度为60℃时便会死亡。

在使用时，如天气过冷，可用温水调制，或用温箱之类可调温的设备进行加温，如天气过热则可使用冰水或一些制冷设备调节。

2. 酵母的质量和用量的影响

酵母的质量指的是酵母菌越纯，起发越大，色泽越好；反之，起发效果不够理想，色泽欠佳、带黄。

酵母用量的多少也有很大影响。在使用时，应随天气的变化适当增加或减少酵母的用量。如天气冷时，可适当增加酵母的用量，而天气较热时可适当减少酵母的用量。

3. 面粉的影响

面粉的影响主要指面筋和酶的影响。面筋的影响是面团发酵时，如筋度较大时，气体不易排出，使面团膨胀形成柔软结构；筋度较低时，气体易排出，造成成品塌陷。

酶的影响是指酵母在发酵过程中，由于面粉本身含有的直接供给酵母利用的单糖较少，而酵母需要单糖和淀粉在淀粉酶的作用下，不断地将淀粉分解成单糖供给酵母利用，加速面团发酵；还有面粉变质或经高温处理，淀粉酶受损失，降低面粉的糖化能力，不能迅速提供酵母所需单糖，这些都会影响面团的正常发酵。

4. 水分的影响

面团的发酵过程需水分作媒介，面团水分含量多少直接影响到酵母菌的生长。在正常情况下，含水分多的面团酵母发酵速度较快，而含水分少的面团，酵母发酵的速度相应减慢，一般蛋白质含量高的面粉吸水能力相应较好。

5. 发酵时间的影响

面团经正确发酵后质量可得到保证，但如果发酵时间过长，面团内部产生气体较多，酸味较大，弹性差，就会造成成品塌身、色黄、味酸等现象；如发酵时间短，气体产生较少，酸味不够，弹性大等，则会造成成品不够绵软、起发差、爆裂等现象。故在制作时必须熟知该品种的要求，正确判断起发程度及酸度，这样才能正确处理好成品。

二、化学疏松

化学疏松是指利用化学原料和粉类混合成面团，制成半成品，加温后产生二氧化碳气体，使点心疏松膨胀。

在前文关于化学原料的内容中已提到化学原料的性能及用途，化学原料加入面团中都能产生疏松的作用，它们可单独使用，也可将其中 2~3 个同时使用，这都要根据面团的特征、成品的要求来进行。制作时请参照化学原料的使用要求，合理运用，使成品达到最佳效果。

三、物理疏松

物理疏松是利用原料本身的特殊结构，通过各种不同的处理及加温方法，从而达到疏松膨胀的效果，如蛋类和油酥类的疏松效果。

（一）蛋类疏松

蛋分蛋白、蛋黄和蛋壳三部分，因蛋白具有良好的粘连性，经同一方向的高速搅拌后，蛋白质中的球蛋白表面张力降低，蛋白黏度增加，将部分进入的空气储存在内部。再经一段时间的打制，内部存在的空气更多，达到成品要求的起发程度后再经加温，内部气体受热膨胀，使制品疏松，淀粉糊化时形成多气孔组织的状态。在操作时应注意以下几个方面。

1. 蛋的质量

新鲜的蛋，一般蛋白较黏，裹气能力较强，而存放时间长的蛋，蛋白黏度降低，裹气能力相应减弱。

2. 温度

温度的高低会直接影响蛋的黏度。天气热时黏度低，裹气能力相应较差；天气冷时，蛋白黏度较好，裹气能力相应提高。但温度过高和过低都不适宜，黏度在 30℃左右最稳定。如温度过高，可将蛋放入冷柜里将温度降低；如温度过低，则可将蛋品放在温水中稍作加热或在打制时放热水在桶底。

3. 用具

用具方面比较讲究器具卫生，要求用具必须洗干净后方可放入蛋打制，否则有油分隔离，会造成粘连度降低，影响蛋白质的裹气能力。另外，不宜用锑、铝、铜之类易掉色的容器装载或打制，否则易掉色及影响蛋白的裹气能力。搅拌用具跟装载容器的大小应相互配合，在打制时速度越快，效果就越好。

（二）油酥类疏松

油含有大量的疏水基，利用油搓出油皮及油心后，经包制并折叠制成半成品，受热后油脂流散，以球状或条状存于面团中，形成隔离皮层的材料，皮层经受热糊化后定型，形成多层的组织结构，达到疏松的效果。同时受热油脂分散到面粉颗粒之间，生成隔离面筋，从而形成该产品酥松的特点。在操作时应注意以下几方面：

1. 油和粉之间的配比

在操作时严格按照品种的要求适当放入油分。放入的油分过多会影响面粉糊化定型的效果，造成成品塌身、成品变样、层次不分明等现象；放入的油分过少，则会使成品受热后油未能将面粉的筋度充分隔离，达不到疏松效果。

2. 面粉面筋的影响

如面粉筋度过大，会使油皮出现收缩的现象，油心分布不均匀，造成乱酥的现象；如面粉筋度过小，影响面粉受热糊化时扩张的效果，会造成皮层粘连，达不到疏松的效果。故在操作时，如面团筋度过大，可适当静止，让筋度扩展；如面团筋度过小，则可多搓几下以增加筋度。

3. 油的质量

在使用油时，正确掌握各种油的特性，酥化品种应使用酥化度较好的油，需起层的品种应采用凝固度好且疏水基较好的油。

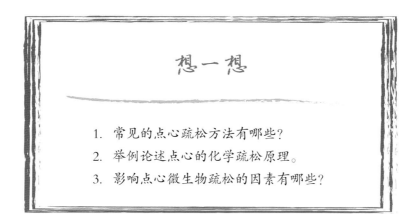

想一想

1. 常见的点心疏松方法有哪些？
2. 举例论述点心的化学疏松原理。
3. 影响点心微生物疏松的因素有哪些？

模块五

粤式点心馅料制作

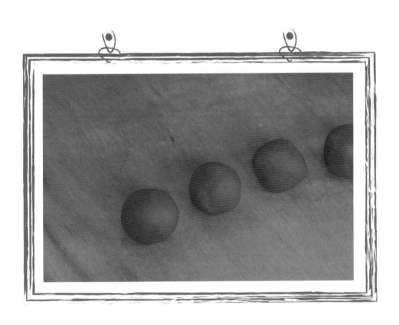

项目 10
粤式点心馅料的种类与用途

学习目标

1. 了解粤式点心制作中馅料的种类。
2. 学会粤式点心馅料的制作方法与手法。
3. 能举例说明不同馅料在粤式点心中的作用。

馅料是体现点心口味的主要材料，如果馅料不鲜不美，就会严重影响点心的质量。馅料按口味可分为咸馅、甜馅两大类，按加工方法需要可分为生馅、熟馅、甜馅三大类，各种馅料的制作方法有所不同。

一、生馅制作

常见的生馅制作具体划分为顺一方向擦挞法及全捞法两种。

（一）顺一方向擦挞法

顺一方向擦挞法拌出的馅料具有爽滑的特点。在加工过程中，主要是对肉质作用，在盐的高渗透力下，肉内部的蛋白胶囊被刺破，蛋白质流出，经顺着同一个方向的擦挞法，将蛋白质串成链状，再经擦挞后，蛋白质胶黏性充分发挥，使熟后的馅料达到爽滑的效果。随着科技的进步和发展，各种机器的产生，顺一方向擦挞法基本以机器拌制代替手工，机器拌制馅料更能体现馅料的爽和滑，在拌制时通常选择快速拌制。

（二）全捞法

全捞法是针对带骨馅料及一些简单馅料的制作手法。此手法要求馅在搅拌时不需起胶黏性，只需捞匀便可。一般先将肉料加入生粉捞匀，另外将味料混合溶解再加入肉料拌匀，最后加入其他香料及油拌匀即可。

二、熟馅制作

熟馅和甜馅用已熟的馅料居多，基本需要将馅料进行加工及特殊处理。常用的加工手法有炒、蒸、铲三种。

（一）炒

炒制加工手法是先切配原料，肉料上粉拉油至八九成熟，蔬菜类用沸水煮至八九成熟后起锅，爆香香料，放入辅料及肉类，炒匀炒香，调味炒匀，放湿粉打芡，放上包尾油，炒匀便可出锅。整个过程要求厨师有较好的锅功基础，此馅料的特点是香。

（二）蒸

蒸制加工手法是将原料经处理后和味料及辅料之类全部混合，放入容器中直接蒸熟的一种加工手法，整个过程较为简单，此馅料的特点是滑。

（三）铲

铲制加工手法是将原料经处理后，加上味料及辅料，全部混合放入锅中或其他容器，边加温边搅拌，至材料全部熟为止的一种加工手法，整个过程要不停地搅拌，操作较为复杂，此馅料的特点是香滑。

三、馅料制作的技术要点

馅料制作的技术要点主要是必须了解原料的性能、作用及处理过程，不要张冠李戴，并把馅料和辅料互相配合好，掌握各种拌馅手法及馅料要求的特点，正确使用拌馅的手法。另一个要点是馅料的调味，馅料调味跟原料所含的水分、天气的变化、所配成品皮的厚薄度及各种加温的方式、味料之间的互相配合使用等关系密切。

（一）馅料原料所含水分

原料的处理方式（冲洗、漂水、飞水、腌制等）与所含水分有直接关系，原料含水越多，味料随之加重。

（二）天气的变化

天气的变化对馅料口味也有很大影响。如冬天拌制一些生馅，味度相应浓些，盐度稍浓；而天气较热时，味度相应清淡，盐度适当偏淡。

（三）所配成品皮的厚薄

在制作半成品时，如馅料在该半成品中起主导取味作用，且半成品皮较厚不带味，馅味度要相应取浓些；如皮本身带味的话，则应适当减淡馅的味度。

（四）加温方式

在所有加温方法中，水煮是味道流失最多的一种。用水煮的品种，味度要相应加浓；而煎和炸烤的品种本来已带香味，故味度不宜过浓；蒸制品种一般味度宜适中。

（五）熟悉味料间的互相配合使用

这里主要是指各种酱料及酱油跟味料配合使用时，酱料大部分已有盐分，有些味度还比较重，如馅料已放适量的味料，就应适当减少酱料，不宜放得过多，以免造成过咸或味度偏重，影响口味。加温时间过长也容易产生酸味，影响原料的特殊风味。

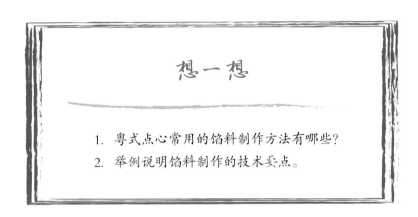

想一想

1. 粤式点心常用的馅料制作方法有哪些？
2. 举例说明馅料制作的技术要点。

模块六

粤式点心制作基本手法与技法

项目 11
粤式点心制作基本手法

一、揉制手法

这是粤式点心制作中大多数产品使用的一种手法。此手法的具体操作方法为：用双手手掌跟压住面坯，交替用力伸缩并向外推动，把面坯摊开、叠起，再摊开、再叠起，如此反复，直至揉透（图6-1）。

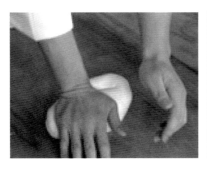

图6-1　面团揉制手法　　　　图6-2　面团捣制手法

二、捣制手法

在面团搓制过程中，在面团已经有筋生成，而面团的水分含量又缺乏的情况下，可以使用这种手法。此手法的具体操作方法为：将面团放在案板上，双手紧握拳头，在面的各处用力向下均匀捣压，力量越大越好，面被捣压变成片状后，再将其叠拢到中间，继续捣压，如此反复多次，直至把面坯捣透并表面光滑为止（图6-2）。

三、擦制手法

这是一种主要用于一些无筋性的油酥性面坯和部分米粉面主坯的工艺。此手法的具体操作方法为：把已经混合好的面团放于案板，双手的掌心用力从一边擦向另一边，再将面团叠拢到中间，再反复以上过程，直至将面团擦至细滑无粒状即可（图6-3）。

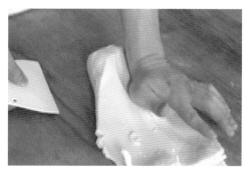
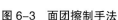

图6-3　面团擦制手法

图6-4　面团折叠手法

四、折叠手法

在制作一些含有水分的无筋面团时，由于要抑制面筋生成，所以不能大力搓制面团，只能使用此种方法。此手法的具体操作方法为：一只手拿刮刀，另一只手将原料混合成散粒状后用力压紧成一块面团，再用刮刀将面团切成5份，然后将每一份的切口向上，叠在一起，每叠一份要用手压制后再叠另一份，这样重复操作2~4次便完成了折叠手法搓制过程（图6-4）。

> ## 想一想
>
> 1. 粤式点心制作常用的手法有哪些？
> 2. 举例说明粤式点心制作中擦制手法的操作要点。
> 3. 粤式点心制作中为什么要采用折叠手法？

项目 12
粤式点心制作基本技法

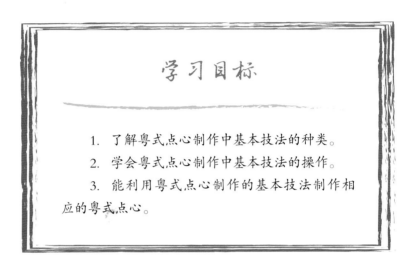

学习目标

1. 了解粤式点心制作中基本技法的种类。
2. 学会粤式点心制作中基本技法的操作。
3. 能利用粤式点心制作的基本技法制作相应的粤式点心。

一、水调面团和制

（一）水调面团材料（图 6-5）

低筋面粉 500 克、清水 250 克。

图 6-5　水调面团材料

（二）水调面团和制过程（图 6-6）

1. 过筛

将面粉混合后倒入粉筛中，用旋转或振动的方法将面粉筛于案板上。

2. 开窝

将面粉用刮刀围成一个小圆堆，将刮刀一角放在面粉堆中间，从上面向逆时针方向旋转半圈，再翻转刮刀，从下面再逆时针方向旋转半圈，形成一个比手掌略大的面窝。

3. 埋粉

加入清水，用右手拿刮刀，将面窝内圈的面粉先与水混合成面糊状，待水不再流动，再将剩余的面粉埋入。

4. 饧发

将面团置于案板上，用半湿毛巾盖上，静置约10分钟。

5. 搓制成形

先用左手将面团搓得较为光滑，清理干净案板及工具，再用阴阳手法将面团搓得光滑、不粘手。

图6-6 水调面团和制过程

（三）水调面团品质要求（图6-7）

要求面团表面细腻光洁、有筋韧性且不粘手，型格完好。

图6-7 水调面团成品

二、油酥面团和制

（一）油酥面团材料（图6-8）

低筋面粉 500 克、猪油 150 克、牛油 150 克。

图 6-8　油酥面团材料

（二）油酥面团和制过程（图6-9）

1. 过筛、开窝

将面粉混合后倒入粉筛中，用旋转或振动的方法将面粉筛于案板上并开窝。

2. 加油埋粉

加入猪油与牛油，将猪油与牛油充分混合，埋粉，用手将原料捞拌均匀。

3. 面团折叠和制

将捞匀的原料堆在一起，用手压结实，用刮刀将面团均匀地分成若干份，将切口向上，一层接一层叠起，每叠一次均用手压紧。如此反复 3~4 次即成。

4. 面团擦搓和制

用擦制的手法将原料擦制成细腻的面团。

图 6-9 油酥面团和制过程

（三）油酥面团品质要求（图 6-10）

要求面团型格完好、细腻光洁、品质松软、无筋韧性。

图 6-10 油酥面团成品

三、烫面面团和制

（一）烫面面团材料

低筋面粉 500 克、清水 300 克。

（二）烫面面团和制过程（图 6-11）

（1）先取 100 克面粉放于盆中。

（2）将 100 克清水烧沸，倒入盆中，用酥棍快速搅拌，将面粉烫熟，倒于案板上搓匀。

（3）将剩余的 400 克面粉过筛，开窝。

（4）在面窝中加入熟面团与剩余清水，埋粉，充分搓至纯滑。

图 6-11　烫面面团和制过程

（三）烫面面团品质要求（图 6-12）

要求面团型格完好，表面光洁，有一定的筋韧性与可塑性。

图 6-12　烫面面团成品

四、澄面面团和制

（一）澄面面团材料（图 6-13）

澄面 500 克、猪油 15 克、清水 600 克。

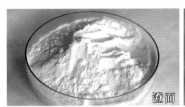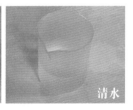

图 6-13　澄面面团材料

（二）澄面面团和制过程（图 6-14）

（1）将澄面放入不锈钢盆中，并将其拨到盆的 1/2 处，留下 1/2 的空间倒沸水。

（2）将清水烧沸，倒入盆中，用酥棍以先慢后快的速度搅拌，将澄面烫熟。

（3）倒于案板上，先用刮刀擦匀，再用手搓匀。

（4）将猪油加入面团中，充分搓至纯滑。

图 6-14　澄面面团和制过程

（三）澄面面团品质要求（图 6-15）

　　要求面团型格完好，表面洁白光滑，无韧性，有较强的可塑性，且成品呈半透明状。

图 6-15　澄面面团成品

五、机器和面

（一）机器和面材料

材料一：高筋面粉 500 克、清水 300 克。

材料二：低筋面粉 500 克、猪油 150 克、牛油 200 克。

（二）机器和面操作过程（图 6-16）

1. 水调面团机器和制

先将面粉加入搅拌机，并加入清水，用钩状搅拌器先用慢速搅拌均匀，再改用中速和快速搅拌成团并搅拌均匀。

2. 油酥面团机器和制

将猪油与牛油加入搅拌机，用网状搅拌器搅拌均匀，加入面粉，用慢速拌匀即可。

图 6-16　机器和面操作过程

（三）机器和面品质要求（图 6-17）

要求水调面团表面细腻光洁、不粘手、型格完好，并且用手可拉出均匀的面筋网膜。要求油酥面团型格完整，无韧性。

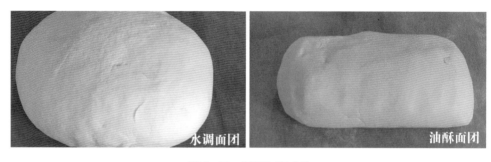

图 6-17　机器和面成品

六、水洗面筋制作

（一）水洗面筋材料

高筋面粉 250 克、清水 150 克。

（二）水洗面筋和制过程　（图 6-18）

（1）将面粉装入盆中，加入清水，用搅拌法将面粉与清水混合并制成面团。

（2）将面团放入盆中，加入大量清水，用手将面团抓碎。

（3）将碎面屑用过滤罩过滤出来，置于水龙头下，用流动的水冲洗，边洗边揉搓，一直洗至无白色淀粉即可。

（4）将面筋整成团状，放于装水的盆中静置约 30 分钟。

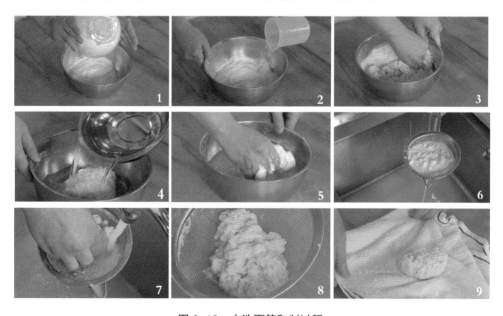

图 6-18　水洗面筋和制过程

（三）水洗面筋品质要求（图6-19）

要求成品有良好的筋韧性，拉抻而不断裂，压缩或拉抻后可马上恢复原状。

图6-19　水洗面筋成品

七、机器压面

（一）机器压面材料

水调面团一块、面粉适量。

（二）机器压面操作过程（图6-20）

（1）首先检查电源开关是否关闭，调节好压面间隙，打开开关，压面过程中手与辊之间必须保持较远的距离。

（2）将面团用手压薄，在压面机上撒一些面粉，放入面团，一只手在压面机下面接住面团并向外拉。

（3）压完一次后，将压过的面团叠成2~3折，再进行压制，如此重复多次。

图6-20　机器压面操作过程

（三）机器压面品质要求（图 6-21）

要求成品型格完整，表面光滑细腻。

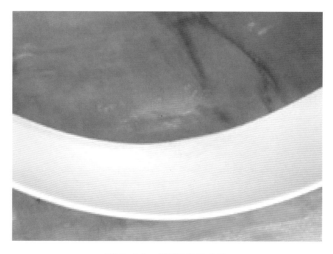

图 6-21　机器压面成品

八、面团出条技法

（一）面团出条材料（图 6-22）

水调面团一块、油酥面团一块、高筋面粉适量。

图 6-22　面团出条材料

（二）面团出条操作过程（图 6-23）

1. 水调面团出条

（1）搓条：双手叠起放于水调面团中间，用力向前后滚动面团，使面团向两边扩展，重复此操作。

（2）卷条：将水调面团过压面机至纯滑，并压成片状，然后从一边开始向另一边卷起，卷成实心的圆柱体条状，并稍搓圆整。

2. 油酥面团出条

将油酥面团稍压薄，用刮刀将其切成条状，并轻轻用力将条状搓圆整。

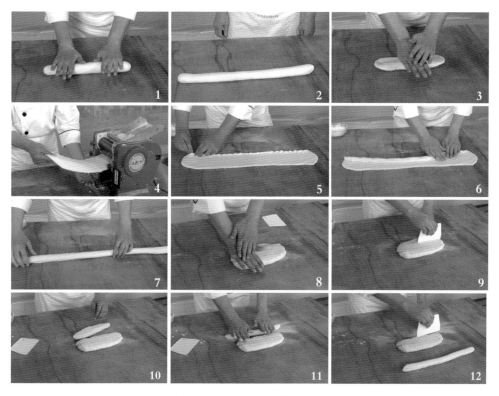

图6-23 面团出条操作过程

（三）面团出条品质要求（图6-24）

要求成品呈圆柱体条状、表面光滑、型格完整。

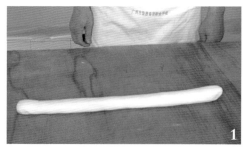

图6-24 面团出条成品

九、面团出体技法

（一）面团出体材料

水调面团一块、油酥面团一块。

（二）面团出体操作过程（图6-25）

1. 水调面团出体

（1）揪体：将水调面团搓条，用右手拇指、食指与中指揪住面团，左手拿面团，双手贴紧，用力向下方拉出，将面团揪下，然后均匀地摆放于前方，并用拇指轻压面团出体的截面。

（2）切体：将水调面团搓条，用桑刀切出大小适当的体，每切一个，面团转动一下；或面团不动，切出大小适当的体，每切一个，用手将体拿开一个。

2. 油酥面团出体

将油酥面团搓长，用刮刀切出大小适当的体。

图6-25　面团出体操作过程

（三）面团出体品质要求（图 6-26）

要求成品大小均匀、型格完整。

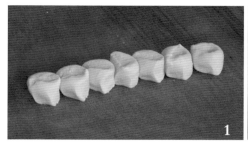

图 6-26　面团出体成品

十、面团搓圆造型

（一）面团搓圆造型材料（图 6-27）

软质面包面团一块、油酥面团一块、糯米粉面团一块。

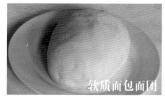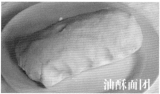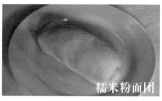

图 6-27　面团搓圆造型材料

（二）面团搓圆造型操作过程（图 6-28）

1. 软质面包面团搓圆

（1）将软质面包面团均匀分成重约 60 克的小面团。

（2）搓圆方法一：用双手分别扣住一个面团放在案板上，双手同时旋转搓压，使面团光滑圆整。

搓圆方法二：用双手分别扣住一个面团放在案板上，双手同时向前推搓压，使面团光滑圆整。

（3）大面团搓圆：用手扣住面团放在案板上，向前推搓压，使面团光滑圆整。

2. 油酥面团搓圆

（1）油酥面团出体每个约 25 克。

（2）拿起用双手夹紧，交叉旋转，轻轻用力搓成圆球形。也可一次搓两个或三个，交叉旋转，轻轻用力搓成圆球形。

3. 糯米粉面团搓圆

（1）糯米粉面团出体每个约 25 克。

（2）用力将面团搓烂，然后再搓圆。

（3）压薄后边缘没有裂纹，对折后也没有裂纹。

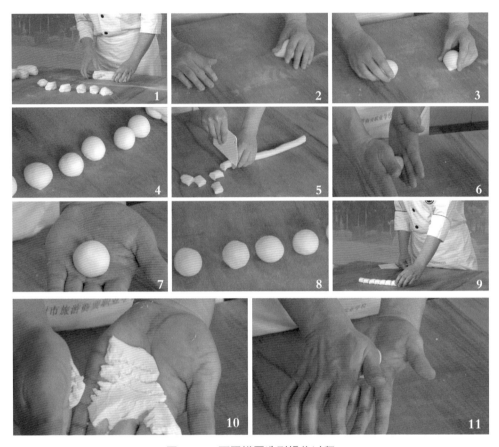

图 6-28　面团搓圆造型操作过程

（三）面团搓圆造型品质要求（图 6-29）

要求成品型格完整，表面光滑细腻。

图 6-29　面团搓圆造型成品

十一、擀皮（煎饺面皮、生肉包面皮）

（一）擀皮材料（图6-30）

烫面面团（煎饺面皮）、发酵面团（生肉包面皮）。

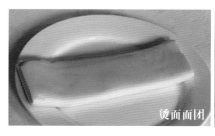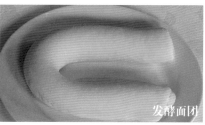

图6-30　擀皮材料

（二）擀皮操作过程（图6-31）

（1）将面团均匀分割（通常煎饺面皮为10克/件、生肉包面皮为25克/件）。

（2）将分割好的面团在案板上压扁成圆形。

（3）使用擀面杖将面团压成中间厚、周围薄的圆形面皮。

图6-31　擀皮操作过程

（三）擀皮品质要求（图6-32）

（1）烫面面团（煎饺面皮）要求是直径为7厘米左右的圆形。

（2）发酵面团（生肉包面皮）要求是皮稍厚、直径为7厘米左右的圆形。

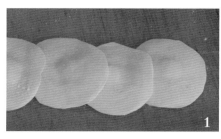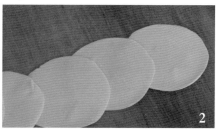

图6-32　擀皮成品

十二、捏皮（澄面皮、糯米皮、甘露酥皮）

（一）捏皮材料

烫熟澄面团（粉果皮）、糯米皮、甘露酥皮。

（二）捏皮操作过程（图6-33）

（1）将面团均匀分割，通常粉果皮15克/件、糯米皮25克/件、甘露酥皮30克/件。

（2）将分割好的面团压扁成圆形。

（3）用手从中间开始捏压面团，逐渐向四周捏压，使其压薄增大（粉果皮用生粉作粉焙，3~5件叠放在一起，捏压过程中面皮的叠放次序应适当调换，以保持各张面皮的均匀）。

图6-33　捏皮操作过程

（三）捏皮品质要求（图6-34）

（1）澄面皮要求是直径约8厘米的薄而大的灯盏形状。

（2）糯米皮、甘露酥皮则根据馅料的大小决定捏皮的大小，一般要求皮较厚且成窝形。

糯米皮、甘露酥皮无须叠放捏压，只需逐个捏制，糯米皮、甘露酥皮不能压制过大、过薄，否则成品难以成形。

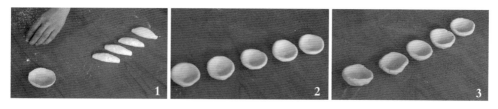

图 6-34 捏皮成品

十三、拍皮操作

（一）拍皮材料

烫熟澄面团（虾饺皮）、油酥面团（酥皮）。

（二）拍皮操作过程（图 6-35）

1. 面团分割均匀

将面团均匀分割（通常虾饺皮 8 克/件、酥皮 15 克/件）。

2. 搓体压扁

将分割好的面团在案板上搓成榄核形并压扁。

3. 拍皮刀沾薄油

拍皮刀背面在油布上沾少许油。

4. 拍皮

用拍皮刀背由左向右压制面团，使面团压成左边稍薄右边稍厚的圆形面皮（阴阳皮）。

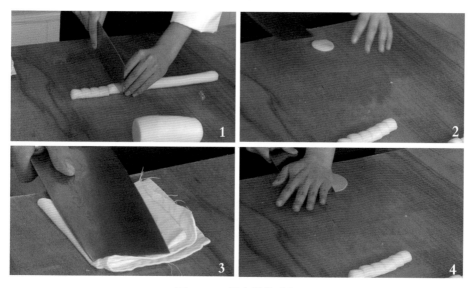

图 6-35 拍皮操作过程

（三）拍皮品质要求 （图 6-36）

（1）虾饺皮要求压薄成直径约为 6.4 厘米的圆形的阴阳皮。

（2）酥皮的拍皮与之基本一致，但不做阴阳皮。

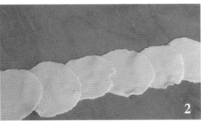

图 6-36　拍皮成品

十四、打皮操作

（一）打皮材料

水调面团一块、生粉适量。

（二）打皮操作过程 （图 6-37）

（1）将水调面团压成较薄的长方体面片。

（2）推打法：在面片上撒上薄薄的一层生粉，用大面棍将面片卷起，双手手掌从卷起的面片中间向两端用力推打，一定时间后，用另一条面棍换边卷起，再推打，如此重复，一直打至所要求的厚薄度。

压打法：在面片上撒上薄薄的一层生粉，用大面棍将面片卷起，然后将面棍抽出，将面片放于案板边缘，用面棍从中间向两端压打，压法呈米字形，每压一遍将面片重新卷起，抽出面棍，再依照米字形压法压打，如此重复，一直打至所要求的厚薄度。

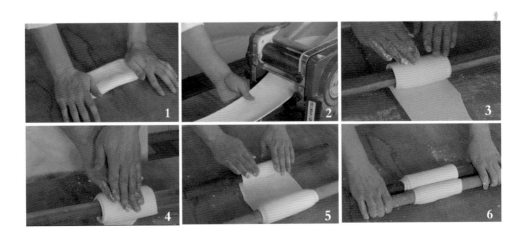

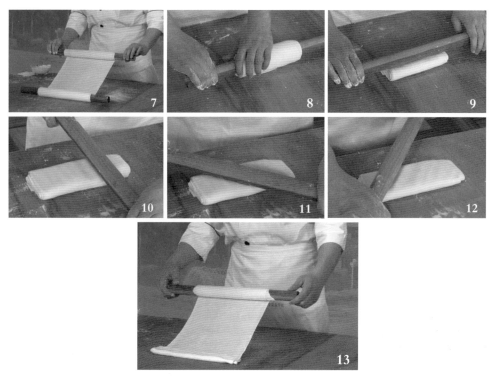

图 6-37　打皮操作过程

（三）打皮品质要求（图 6-38）

要求成品厚薄均匀一致，呈半透明状，型格完整。

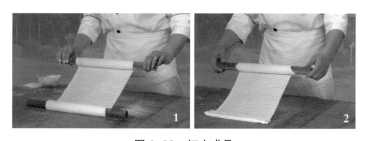

图 6-38　打皮成品

十五、生肉包造型

（一）生肉包造型材料

发酵面团（生肉包面皮）一块、生肉馅适量。

（二）生肉包造型操作过程（图6-39）

（1）将面团均匀分割为25克/件。

（2）将分割好的面团在案板上压扁成圆形，使用擀面杖将面团压成中间厚、周围薄、直径7厘米左右的圆形面皮。

（3）使用提褶手法将擀好的面皮包上馅料，呈雀笼形。生肉包基本功练习要求提褶为18~22褶。

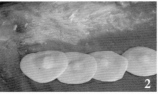

图6-39　生肉包造型操作过程

（三）生肉包造型品质要求（图6-40）

呈小笼包或雀笼形，生肉包基本功练习要求提褶为18~22褶，馅心正中。

图6-40　生肉包造型成品

十六、柳叶包造型

（一）柳叶包造型材料

发酵面团（生肉包面皮）一块、生肉馅适量。

（二）柳叶包造型操作过程（图6-41）

（1）将面团均匀分割为25克/件。

（2）将分割好的面团在案板上压扁成圆形，使用擀面杖将面团压成中间厚、周围薄、直径为7厘米左右的圆形面皮。

（3）使用提褶手法将擀好的面皮包上馅料，包制到一半时将提褶处收口到内部，然后左右提褶成柳叶形。柳叶包基本功练习要求提褶为 7~8 褶，左右柳叶纹各为 7~8 褶。

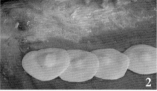

图 6-41　柳叶包造型操作过程

（三）柳叶包造型品质要求（图 6-42）

柳叶包整体呈柳叶形。柳叶包基本功练习要求提褶为 7~8 褶，左右柳叶纹各为 7~8 褶。

图 6-42　柳叶包造型成品

十七、甜包造型

（一）甜包造型材料

发酵面团（生肉包面皮）、莲蓉馅。

（二）甜包造型操作过程（图 6-43）

1. 面团分割

将面团均匀分割为 25 克 / 件。

2. 擀皮

将分割好的面团在案板上压扁成圆形，使用擀面杖将面团压成中间厚、周围薄、直径 6 厘米左右的圆形面皮。

3. 包制

使用包捏手法将擀好的面皮包上馅料，呈圆球形。

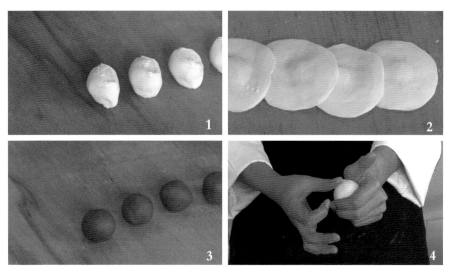

图 6-43　甜包造型操作过程

（三）甜包造型品质要求 （图 6-44）

甜包造型要求包体大小均匀、呈圆球形、表面光洁。

图 6-44　甜包造型成品

十八、广式煎饺、锅贴饺造型

（一）广式煎饺、锅贴饺使用材料

烫面面团（煎饺面皮）。

（二）广式煎饺、锅贴饺造型操作过程（图6-45）

1. 面团分割

将面团均匀分割为10克/件。

2. 擀皮

将分割好的面团在案板上压扁成圆形，使用擀面杖将面团压成中间厚、周围薄、直径7厘米左右的圆形面皮。

3. 包制

使用推拉手法将擀好的面皮包上馅料，呈瓦楞形。

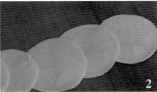

图6-45　广式煎饺、锅贴饺造型操作过程

（三）广式煎饺、锅贴饺造型品质要求（图6-46）

（1）广式煎饺造型要求饺子大小均匀、呈瓦楞形、皮薄而馅大、饺身饱满。

（2）锅贴饺造型要求饺子大小均匀、呈瓦楞形、皮薄而馅适中、饺身修长。

图6-46　广式煎饺、锅贴饺造型成品

十九、虾饺皮类造型（虾饺、百花饺）

（一）虾饺皮类造型使用材料

烫熟澄面团（虾饺皮）、笋粒、胡萝卜粒、青豆粒。

（二）虾饺皮类造型操作过程（图6-47）

1. 面团分割

将虾饺皮面团均匀分割为8克/件。

2. 拍皮

将分割好的面团在案板上搓成榄核形并压扁，拍皮刀背面在油布上沾少许油，然后用拍皮刀背由左向右压制面团，使面团压成左边较薄右边稍厚的圆形面皮（阴阳皮）。

3. 包制

将面皮包上馅料，使用推褶手法将虾饺包制成弯梳形（百花饺包制为均匀的三眼饺状）。

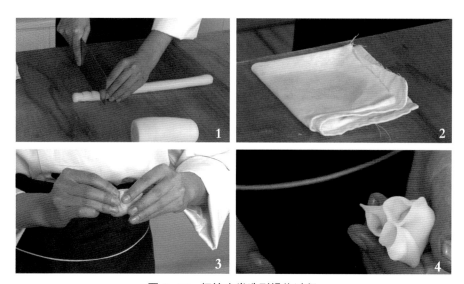

图 6-47 虾饺皮类造型操作过程

（三）虾饺皮类造型品质要求（图 6-48）

（1）虾饺造型要求饺子大小均匀、呈弯梳形、皮薄而馅大、饺身饱满、褶纹为 9~13 褶。

（2）百花饺包制为均匀的三眼饺。

图 6-48 虾饺皮类造型成品

二十、烧卖皮类造型（干蒸烧卖、鳌鱼饺）

（一）烧卖皮类造型使用材料

烧卖皮、干蒸烧卖馅、胡萝卜粒。

（二）烧卖皮类造型操作过程（图6-49）

1. 面团分割

将干蒸烧卖皮改件为7厘米/件的圆形面皮，改制面皮时形状应完整均匀。

2. 包制

将分割好的面皮包上干蒸烧卖馅25克，包制成花瓶形状（鳌鱼饺则上馅后，如三眼饺将皮的边部均匀分三等份，其中两份捏成眼形，一份推捏成鱼鳍状，并用咸蛋黄或胡萝卜粒装饰眼睛）。

图6-49 烧卖皮类造型操作过程

（三）烧卖皮类造型品质要求（图6-50）

（1）干蒸烧卖造型要求大小均匀、呈花瓶形状、皮薄而馅大、饺身饱满。

（2）鳌鱼饺造型要求大小均匀、呈鳌鱼形状、皮薄而馅适中、饺身修长。

图6-50 烧卖皮类造型成品

二十一、捏盏造型

（一）捏盏造型材料（图6-51）

油酥面团一块。

图 6-51　捏盏造型材料

（二）捏盏造型操作过程（图 6-52）

（1）将油酥面团（<u>大酥</u>）开好酥后，用通槌推开成 7 毫米厚的长方块，使用牙形模具压制出圆形的蛋挞皮。

（2）将蛋挞皮放入圆形锡盏内，先用拇指按压面团中心，使面皮与锡盏之间无空隙。

（3）用拇指及食指沿锡盏边缘捏，以此方法捏出圆形锡盏。

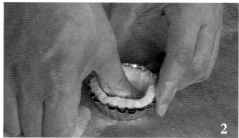

图 6-52　捏盏造型操作过程

（三）捏盏造型品质要求（图 6-53）

要求成品厚薄大小均匀、不穿孔、不吊盏，不能捏死面皮的边缘，面皮边缘需高出盏 8 毫米左右。

图 6-53　捏盏造型成品

二十二、刺猬包造型

（一）刺猬包造型使用材料

发酵面团（生肉包面皮）、奶黄馅。

（二）刺猬包造型操作过程（图6-54）

1. 面团分割

将面团均匀分割为25克/件。

2. 擀皮

将分割好的面团在案板上压扁成圆形，使用擀面杖将面团压成中间厚、周围薄、直径为5厘米左右的圆形面皮。

3. 包制

使用包捏手法将擀好的面皮包上馅料，呈头尖尾圆的形状。

4. 造型

用刮刀托起包身，然后用小剪刀剪出刺猬身上的小刺，最后粘上小眼睛即可。

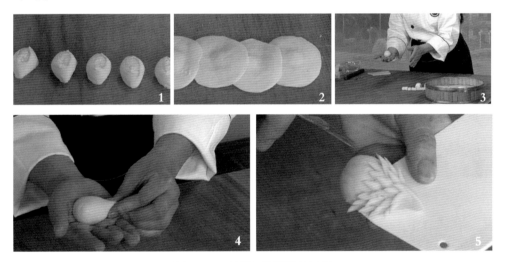

图6-54　刺猬包造型操作过程

（三）刺猬包造型品质要求（图6-55）

刺猬包造型要求分体大小均匀，成品形似刺猬，小刺分布疏密均匀。

图 6-55　刺猬包造型成品

二十三、天鹅饺造型

（一）天鹅饺造型使用材料

烫熟澄面团（虾饺皮）、奶黄馅。

（二）天鹅饺造型操作过程（图 6-56）

1. 面团分割

将面团均匀分割为 25 克 / 件。

2. 擀皮

将分割好的面团在案板上压扁成圆形，使用捏制手法将面皮捏圆。

3. 包制

使用包捏手法将捏好的面皮包上馅料，呈头尖尾圆的形状。

4. 造型

用手搓捏出天鹅的弯形长颈，最后加上天鹅的小翅膀即可。

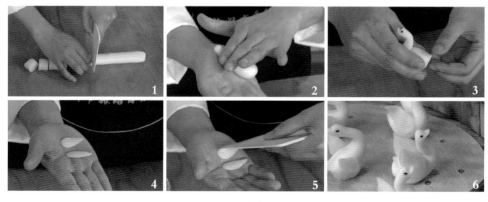

图 6-56　天鹅饺造型操作过程

（三）天鹅饺造型品质要求（图6-57）

天鹅饺造型要求分体大小均匀，成品形似天鹅，天鹅颈弯曲生动。

图6-57　天鹅饺造型成品

二十四、软质面包皮造型

（一）软质面包皮造型材料

水调面团一块、豆沙馅适量。

（二）软质面包皮造型操作过程（图6-58）

（1）将水调面团搓条，出体约60克大小的面团。

（2）将每个面团搓圆。

（3）挤卷造型：将搓圆的面团开成长椭圆形，用两手四指指尖从上向下卷制面团，卷成圆锥形。

挤卷造型举例——豆沙香片：将搓圆的面团开成长椭圆形，用两手四指指尖从上向下卷制面团，在面团的底部放上约15克的豆沙馅，卷成圆锥形，再用桑刀切出数刀，使面团弯曲。

（4）搓制造型：将搓圆的面团从中间向两端搓长，由于面团筋性较大，所以不能一次将其搓长，每搓一次待稍静置后再搓第二次，将其搓制成圆锥形。

搓制造型举例——辫子包：将搓好的面团用左手拿好，用右手环绕左手做成一辫子包，由于其形似数字"8"，所以又叫八字包。

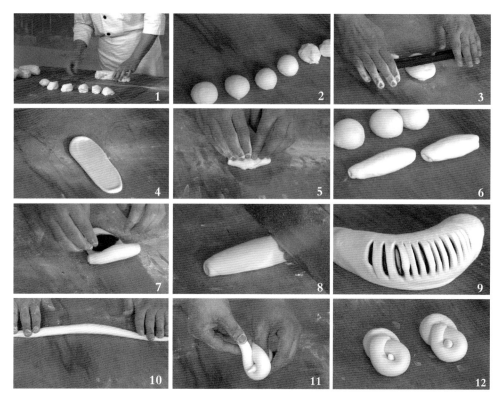

图 6-58　软质面包皮造型操作过程

（三）软质面包皮造型品质要求 （图 6-59）

要求成品型格完整，表面光滑细腻。

图 6-59　软质面包皮造型成品

二十五、层酥皮造型

（一）层酥皮造型材料

层酥皮面团一块。

（二）层酥皮造型操作过程 （图 6-60）

（1）将层酥皮用通槌开薄成厚 0.7 厘米的薄片。

（2）切制造型及范例——丹麦散：将层酥皮切制出长 12 厘米、宽 2 厘米的条状，在中间切一刀，两端留有 2 厘米的距离不切，从切口处翻转即可。

（3）用模具印制造型：用不同的印模印出各种形状的面片。

图 6-60　层酥皮造型操作过程

（三）层酥皮造型品质要求（图 6-61）

要求成品型格完整，符合相关要求。

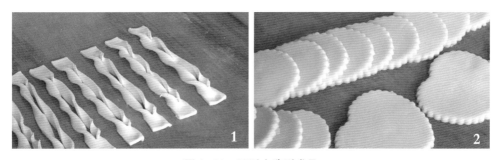

图 6-61　层酥皮造型成品

二十六、挤注造型

（一）挤注造型材料（图 6-62）

低筋面粉 400 克、牛油 400 克、鸡蛋 2 个。

图 6-62 挤注造型材料

（二）挤注造型操作过程（图6-63）

（1）将牛油加入不锈钢盆中，用手擦至稍浮松，先加入一个鸡蛋，搓匀后再加入另一个鸡蛋，再搓均匀。最后加入低筋面粉，搅拌均匀。

（2）将挤花袋用剪刀剪出大小适中的孔，装入菊花嘴。

（3）用抹刀挑起适量的面团，装入挤花袋中，拧紧挤花袋，用右手虎口紧捏接口，四指放于装好面团的挤花袋上。

（4）将菊花嘴垂直于不锈钢盘并距不锈钢盘底面约1厘米，保持不动，并用力挤出面团。

图 6-63 挤注造型操作过程

（三）挤注造型品质要求（图6-64）

要求成品大小一致，花纹清晰。

图 6-64　挤注造型成品

二十七、菊花酥造型

（一）菊花酥造型材料（图 6-65）

细酥酥皮面团一块、莲蓉馅适量。

图 6-65　菊花酥造型材料

（二）菊花酥造型操作过程（图 6-66）

（1）将包好的小酥开成均匀的圆形面皮。

（2）将酥皮包上莲蓉馅后压扁成圆饼形状。

（3）使用片刀将圆饼分割成 16 份，中间留一小圈不切断。

（4）将切好的 16 份小心旋转 90 度，使其呈菊花花瓣状。

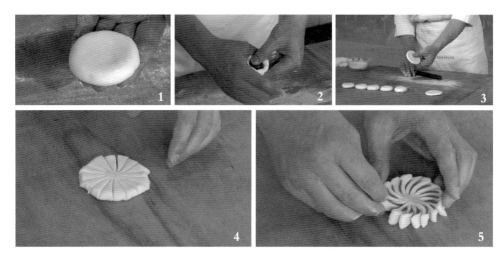

图 6-66　菊花酥造型操作过程

（三）菊花酥造型品质要求（图 6-67）

要求成品分体大小均匀、形似菊花、菊花瓣分割均匀。

图 6-67　菊花酥造型成品

想一想

1. 粤式点心常用的基本技法包括哪些?

2. 水调面团和制技法与油酥面团和制技法最大的区别在哪里?

3. 粤式点心在造型上有什么特点?

4. 打皮操作应注意哪些要点?

5. 开大酥如何才能使层次均匀?

6. 开小酥的关键之处是什么?

参考文献

1．吴孟．面包糕点饼干工艺学［M］．北京：中国商业出版社，1992．

2．吴孟，等．中国糕点［M］．北京：中国商业出版社，1989．

3．《职业技能鉴定教材》《职业技能鉴定指导》编审委员会．中式面点师（初级、中级、高级）［M］．北京：中国劳动出版社，1995．

4．张桂芳．中式面点师（初级）［M］．北京：中国劳动社会保障出版社，2006．

5．林小岗．面点工艺［M］．北京：中国轻工业出版社，2000．

6．周树南．食品生产卫生规范与质量保证［M］．北京：中国标准出版社，1996．

7．陈有毅，等．现代点心制作技术［M］．北京：机械工业出版社，2004．

8．李永军，马庆文．中式面点制作技能［M］．北京：机械工业出版社，2008．

MPR 出版物链码使用说明

本书中凡文字下方带有链码图标"═══"的地方，均可通过"泛媒关联"App 的扫码功能或"泛媒阅读"App 的"扫一扫"功能，获得对应的多媒体内容。

您可以通过扫描下方的二维码下载"泛媒关联"App、"泛媒阅读"App。

"泛媒关联"App 链码扫描操作步骤：

1. 打开"泛媒关联"App；

2. 将扫码框对准书中的链码扫描，即可播放多媒体内容。

"泛媒阅读"App 链码扫描操作步骤：

1. 打开"泛媒阅读"App；

2. 打开"扫一扫"功能；

3. 扫描书中的链码，即可播放多媒体内容。

扫码体验：

天鹅饺造型